ABHANDLUNGEN DER DEUTSCHEN AKADEMIE
DER WISSENSCHAFTEN ZU BERLIN

Klasse für Mathematik, Physik und Technik
Jahrgang 1960 Nr. 10

HERMANN SCHUMANN

STÄHLE BEI TIEFEN TEMPERATUREN

Mit 23 Abbildungen und 22 Tabellen

AKADEMIE-VERLAG · BERLIN
1961

Vorgelegt von Hrn. Maurer in der Klassensitzung vom 30. Juni 1960
Zum Druck genehmigt am gleichen Tage, ausgegeben am 15. Januar 1961

Erschienen im Akademie-Verlag GmbH, Berlin W 8, Leipziger Straße 3—4
Lizenz-Nr. 202·100/526/61

Gesamtherstellung: VEB Druckerei „Thomas Müntzer" Bad Langensalza
Bestellnummer: 2001/60/I/10
Preis: DM 5,—
Printed in Germany
ES 20 F 10

Inhalt

Stähle bei tiefen Temperaturen[1)]

1. Einleitung

Während bis etwa 1940 den Stählen für den Einsatz bei tiefen und tiefsten Temperaturen nur verhältnismäßig wenig Beachtung entgegengebracht wurde, hat sich die Forschung und Entwicklung auf diesem Gebiet in den letzten 20 Jahren außerordentlich verstärkt. Dafür sind mehrere Gründe vorhanden. Der erste und schwerwiegendste Grund bestand im Auftreten von Sprödbrüchen an Brücken, Schiffen, Tankern, Gasometern, Pipelines, Rotoren u. a. großen Objekten mit katastrophalen Teil- und Totalverlusten an Menschenleben und Material. Nach SCHNADT [1] sind die meisten Sprödbrüche und -risse bei Konstruktionen aufgetreten, die rein statisch beansprucht waren, ja sogar dort, wo die Nutzlast noch nicht aufgebracht war. Die berechneten Spannungen an den Bruchstellen lagen dabei stets im Rahmen der Vorschriften. Aus der Größe der errechneten Spannungen und der Art der Beanspruchung lassen sich demnach keine unmittelbaren Rückschlüsse auf das zähe oder spröde Verhalten eines Stahls in der Konstruktion ziehen. Als einfachstes Mittel zur Prüfung eines Stahls auf Sprödbruchanfälligkeit ist trotz mancher anderer Vorschläge die übliche Kerbschlagbiegeprobe beibehalten worden. Da sich gezeigt hat, daß Sprödbrüche häufig bei Temperaturen unterhalb von $+20°$ C auftreten, und bei diesen Temperaturen die Zähigkeit des Stahls beträchtlich abnehmen kann, ist man dazu übergegangen, auch die Temperaturabhängigkeit der Kerbschlagzähigkeit im interessierenden Bereich zu ermitteln. In Auswertung der insbesondere in den USA, dem am meisten von Sprödbruchunfällen befallenem Lande, durchgeführten Untersuchungen wurden für die Kerbschlagzähigkeit bestimmte Forderungen erhoben. Beispielsweise schreiben die amerikanischen Vorschriften für Druckkessel vor, daß der Werkstoff bei der tiefsten Verwendungstemperatur eine Kerbschlagzähigkeit von mindestens 15 ft-lb, gemessen mit der Standard-Charpy-Schlüssellochprobe, entsprechend einer DVM-Kerbschlagzähigkeit von etwa 2,6 mkp/cm^2 aufweisen muß [2]. Für große Schmiedestücke für Energieerzeugungsanlagen wird ebenfalls von amerikanischen Vorschriften seit 1957 die Übergangstemperatur, bei der die Kerbschlagproben 50% spröden Bruch enthalten, mit höchstens 175° F (79° C) vorgeschrieben [3]. Angestrebt wird eine niedrigere Übergangstemperatur von 140° F (60° C) [3]. In Westdeutschland sind ebenfalls Bestrebungen im Gange, für die Kerbschlagzähigkeit eines Druckbehälterstahles bei der tiefsten Verwendungstemperatur einen Mindestwert von 3 mkp/cm^2 vorzuschreiben [4]. Von WIESTER [5] wurde 1943 eine DVM-Kerbschlagzähigkeit von 4 mkp/cm^2 bei der tiefsten Verwendungstemperatur als ausreichend angesehen. Nach Angaben von STRASSBURG [6] wird neuerdings in den USA anstelle der Charpy-

---

1) Erweiterte Ausarbeitung eines Kurzvortrages, gehalten anläßlich der Sitzung der Sektion für Maschinenbau der Klasse für Mathematik, Physik und Technik am 13. 5. 59 in Dresden durch Dipl.-Ing. *Skuin* auf Grund der Unterlagen des Verfassers. Die Versuche wurden 1958/59 im Eisen-Forschungsinstitut Hennigsdorf auf Veranlassung des damaligen Institutsleiters Prof. em. Dr.-Ing. habil., Dr.-Ing. E. h. *Ed. Maurer* durchgeführt.

Schlüssellochprobe die schärfere Charpy-V-Kerbschlagprobe eingesetzt. Für die einzelnen Stähle werden unterschiedliche Kerbschlagzähigkeitswerte verlangt. Diese werden auf Grund des ersten Auftretens von Brüchen oder der Temperatur, bei der sich der Riß ausbreitet, festgelegt.

Der zweite Grund, warum die Werkstofforschung in den letzten 20 Jahren stark vorangetrieben wurde, besteht darin, daß die Tieftemperaturtechnik bei der Luft-, Raketen- und Weltraumfahrt eine große Rolle spielt und der Sauerstoff auch im flüssigen Zustand in der sog. „Sauerstoffmetallurgie" ein breites Anwendungsgebiet gefunden hat. Der Bau großer Anlagen, die tiefen Temperaturen ausgesetzt sind, zwingt dazu, auch die wirtschaftliche Seite des Werkstoffeinsatzes zu berücksichtigen. Zur Zeit werden beispielsweise in Anlagen der Gasverflüssigung noch erhebliche Mengen an Kupfer verarbeitet. Stähle, auch wenn sie hochlegiert sind, liegen im Preis niedriger als das Buntmetall Kupfer. Schon dadurch ist in vielen Fällen die Wirtschaftlichkeit des Stahleinsatzes gewährleistet. Darüber hinaus ermöglichen die höheren Festigkeitswerte der Stähle, zu geringeren Wanddicken überzugehen. Dies bedeutet Gewichtseinsparung. Die geringere Wärmeleitfähigkeit der Stähle schließlich entspricht einer Energieeinsparung.

Als Kompromißlösung zwischen der Forderung nach Betriebssicherheit einerseits und wirtschaftlichem Stahleinsatz andererseits haben sich für die verschiedenen Tieftemperaturbereiche mehrere Stahlgruppen bewährt. Nach einer Zusammenstellung von GILL und SWALES [7] sind dies: Kohlenstoffstähle mit etwas erhöhtem Mangangehalt bis —50° C, 2,5%ige Nickelstähle bis —60° C, 3,5%ige Nickelstähle bis —100° C und 9%ige Nickelstähle sowie austenitische Chromnickelstähle bis —200° C. In Deutschland sind darüber hinaus für Temperaturen bis —200° C noch austenitische Stähle auf Manganchrom-Basis gebräuchlich ([8], [9], [10]).

Aus der großen Zahl der im Schrifttum angeführten, bei tiefen Temperaturen untersuchten Stähle seien als charakteristisch für alle anderen die im Werkstoff-Handbuch Stahl und Eisen 1953, Blatt N 31, für die Verwendung bei tiefen Temperaturen angeführten folgenden 3 ferritischen und 2 austenitischen Stähle angezogen (Tabelle 1):

TABELLE 1

Kaltzähe Stähle

(Nach Werkstoff-Handbuch Stahl und Eisen 1953)

Nr.	Stahltyp	C %	Si %	Mn %	Cr %	Ni %	Al %	Wärmebehandlung
1	Mn–Al	0,15	—	1,0	—	—	0,3	950° C/Luft
2	Cr–Ni	0,3	0,3	0,6	0,5	1,5	—	850° C/W + 680° C/Öl
3	Ni	0,15	0,2	0,4	—	5,0	—	850° C/Öl + 680° C/Öl
4	Mn–Cr	0,3	0,5	18,0	3,0	—	—	1050° C/Wasser
5	Cr–Ni	0,15	0,4	0,5	18,0	9,0	—	1050° C/Wasser

Abb. 1 zeigt für diese Stähle den Abfall der DVM-Kerbschlagzähigkeit mit sinkender Temperatur. Während unlegierte Stähle bereits um etwa 0° C verspröden, verschiebt sich der Steilabfall der Kerbschlagzähigkeits-Temperatur-Kurve bei einem niedrig mit Mangan und Aluminium legierten Stahl zu wesentlich tieferen Temperaturen (Stahl Nr. 1). Auch unter günstigsten Bedingungen ist es jedoch bei unlegierten oder sehr schwach legierten Stählen nicht möglich, bei —180° C eine ausreichende Kerbschlagzähigkeit zu erhalten.

Niedrig legierte Stähle, wie die angezogenen Stähle Nr. 2 und Nr. 3, erreichen bei —180° C DVM-Kerbschlagzähigkeitswerte von 3—5 mkp/cm² nur im vergüteten Zustand. Während der austenitische Manganchromstahl Nr. 4 bei —180° C eine verhältnismäßig geringe Kerbschlagzähigkeit von 7 mkp/cm² erreicht (was auf einen instabilen Austenit hindeutet), also nur wenig besser ist als die vergüteten niedrig legierten Stähle, zeigt der austenitische Chromnickelstahl Nr. 5 auch bei —180° C keine Anzeichen einer Versprödung. Dieser Stahl wird bei sehr tiefen Temperaturen in der Trennbruchunempfindlichkeit von keinem anderen Stahl übertroffen.

Die ferritischen Baustähle müssen zwecks Erzielung bester Zähigkeiten bei tiefen Temperaturen vergütet, d. h. von Austenitisierungstemperatur in Öl oder Wasser abgeschreckt und anschließend bei einer Temperatur dicht unter dem unteren Umwandlungspunkt angelassen werden. Die austenitischen Chromnickel- und Manganchromstähle werden üblicherweise von 1050 bis 1100° C in Wasser abgelöscht. Der 9%ige Nickelstahl erfährt eine Sonderwärmebehandlung.

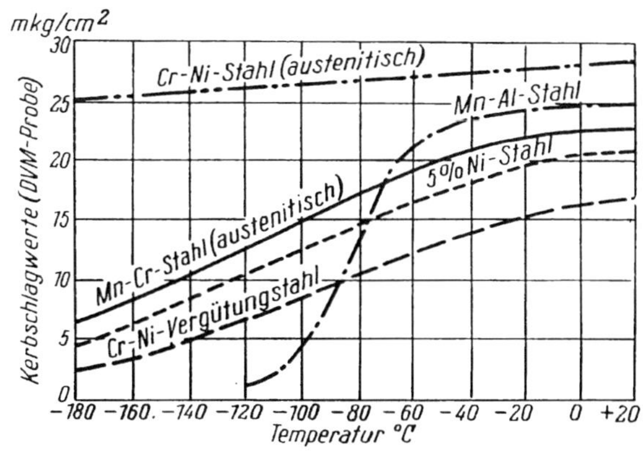

Abb. 1. Temperaturabhängigkeit der Kerbschlagzähigkeitswerte bei legierten Stählen. Nach Werkstoff-Handbuch Stahl und Eisen 1953, Blatt N 31—3

Alle Stähle befinden sich demnach in einem Zustand, der sie empfindlich gegenüber einer nachfolgenden Erwärmung macht. Eine derartige nachträgliche Erwärmung findet aber stets beim Schweißen statt, und eine abschließende Wärmebehandlung der Schweißkonstruktion ist oftmals nicht mehr möglich oder nicht erwünscht. Untersuchungen im Eisen-Forschungsinstitut verfolgten deshalb das Ziel, festzustellen, wie sich die verschiedenen als kaltzäh bekannten Stähle bei tiefen Temperaturen verhalten, wenn sie nach dem Walzen *keine* Abschreckbehandlung erfahren. Des weiteren wurden die mechanischen Eigenschaften von gegossenen, stabilisierten, austenitischen Chromnickel-Stählen bei tiefen Temperaturen, das Verhalten von Schweißnähten sowie einige andere damit im Zusammenhang stehende Fragen untersucht. Als Endergebnis sollten für den Einsatz in der DDR Stähle angegeben werden, die ohne Abschreckbehandlung von hohen Temperaturen gute Kerbschlagzähigkeitswerte bei —180° C, der Temperatur des flüssigen Sauerstoffs, besitzen und sich gut schweißen lassen.

2. Ferritische Stähle

2.1 *Unlegierte und sehr niedrig legierte Stähle*

Bislang wurden ferritische, alterungsbeständige, unlegierte Stähle vom Typ Ck 15 Al häufig auch bei Temperaturen um —180° C beispielweise für den Behälterbau eingesetzt, ohne daß ein Versagen dieser Behälter bekannt geworden ist. Dieser Stahl weist bei der Temperatur der flüssigen Luft eine sehr gute Streckgrenze und Zugfestigkeit auf und auch Dehnung und Einschnürung sind im allgemeinen nicht zu beanstanden. Die Schwierigkeiten bei der weiteren Verwendung dieses Stahles bei —180° C liegen in der außerordentlich niedrigen DVM- und auch DVMF-Kerbschlagzähigkeit a_K unter 1 mkp/cm², weshalb dieser Stahl bei diesen Temperaturen als vollkommen versprödet anzusprechen ist.

Nach den eingangs angeführten Forderungen der Technischen Überwachungsvereine, die bei der tiefsten Verwendungstemperatur eine Mindestkerbschlagzähigkeit vorschreiben, sind Stähle vom Typ Ck 15 Al deshalb vom Einsatz bei —180° C ausgeschlossen, unabhängig davon, ob eine stoß- und schlagartige Beanspruchung erfolgt oder nicht. Demzufolge werden sowohl in Westdeutschland als auch in den USA diese Stähle bei Temperaturen um —180° C nicht mehr verwendet. In der DDR ist bisher eine gesetzliche Regelung noch nicht erfolgt. Ein Grund dafür dürfte die Unklarheit sein, was gegebenenfalls mit den Anlagen geschieht, in denen unlegierte Stähle eingebaut sind.

Um zu einem eigenen Urteil in der Frage zu gelangen, wurde im Eisen-Forschungsinstitut im basisch zugestellten 500 kp-Versuchslichtbogenofen eine Charge Ck 15 Al erschmolzen und bei einem Brammengewicht von 250 kp auf Bleche von 15 mm Dicke abgewalzt. Die Charge fiel mit nachstehender chemischer Zusammensetzung an:

Stahl Nr.	Bezeichnung	C %	Si %	Mn %	P %	S %	Al %	N %
1	Ck 15 Al	0,14	0,32	0,69	0,014	0,006	0,020	0,010

Die Bleche wurden bei 900° C normalgeglüht. Das Gefüge war daraufhin ferritisch-perlitisch mit schwacher Zeilenausbildung (Abb. 2). In der Querrichtung entnommene je 6 Zerreißstäbe, Kerbschlag- und Biegeproben wurden bei +20° C und —180° C mit dem in Tabelle 2 angeführten Ergebnis geprüft.

TABELLE 2

Festigkeits- und Kerbschlagzähigkeitswerte von Stahl Ck 15 Al

(Wärmebehandlung: 900° C/Luftabkühlung)

Temp. °C	σ_S kp/mm²	σ_B kp/mm²	δ_5 %	ψ %	a_k (mkp/cm²) DVM	DVMF
+ 20	32,5—35,4	44,8—44,9	37,2—40,6	69,0—70,9	19,2—23,8	25,2—28,1
—180	71,9—74,5	80,6—81,3	17,6—27,0	14,0—25,7	0,3—0,6	0,8—1,5

Aus den Versuchen ergab sich die bekannte Tatsache, daß mit sinkender Temperatur Streckgrenze und Zugfestigkeit zunahmen, während Dehnung und Einschnürung und Kerbschlagzähigkeit erheblich abfielen. Bei —180° C traten bei der Dehnung und Einschnürung sehr stark schwankende Werte auf. Während ein Teil der Proben mit guter Verformung und zäh riß, gingen andere Proben praktisch ohne Einschnürung und mit körnigem Sprödbruch zu Bruch. Die Ursache für dieses unregelmäßige Verhalten konnte bisher nicht festgestellt werden. Von SCHIFFLER wurden ähnliche Erscheinungen bei Al-haltigen Stählen bereits früher beschrieben (Erörterungsbeitrag zu [5]). Aus den außerordentlich niedrigen Kerbschlagwerten geht die völlige Versprödung des Stahles bei —180° C eindeutig hervor. Wie durch Versuche festgestellt wurde, ist der Stahl trotz des Aluminiumgehaltes alterungsanfällig, d. h. nach plastischer Verformung und Auslagerung bei Raumtemperatur bzw. etwas erhöhten Temperaturen liegt die DVM-Kerbschlagzähigkeit bereits bei —50° C bei nur 1 mkp/cm².

Die Biegeversuche wurden an normalgeglühten Stäben von 30×40 mm² Querschnitt durchgeführt. Bei +20° C ließen sich alle Proben um 180° anrißfrei biegen. Bei —180° C dagegen war das Verhalten des Stahles, ähnlich wie bei den Zerreißversuchen angeführt, sehr unregelmäßig. Während sich der größte Teil der Proben ebenfalls rißfrei um 180°

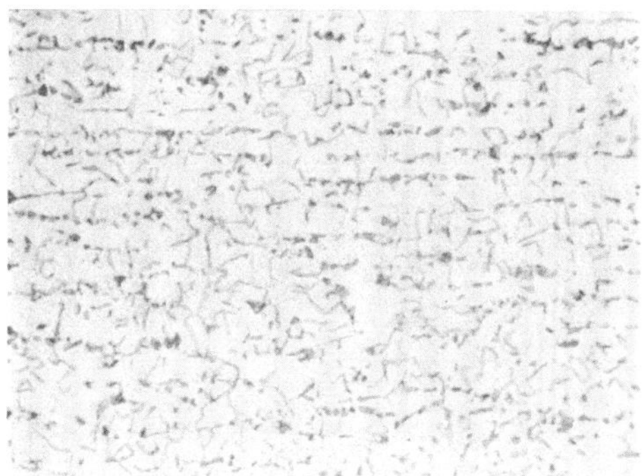

Abb. 2.
Feingefüge von Stahl Ck 15 Al. Wärmebehandlung: 900° C/Luft.
Ferrit + Perlit. Querschliff; Ätzung: HNO_3; 100 : 1

Abb. 3.
Stahl Ck 15 Al; Aussehen der in flüssiger Luft gebogenen Proben:
Wärmebehandlung des Stahls: 900° C/Luftabkühlung

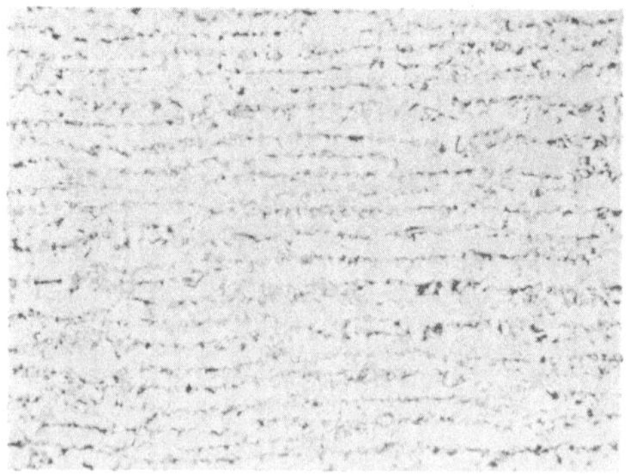

Abb. 4.
Feingefüge von Stahl 12 Ni 19 Al. Wärmebehandlung: 900° C/Luft.
Ferrit + Perlit. Querschliff; Ätzung: HNO_3; 100 : 1

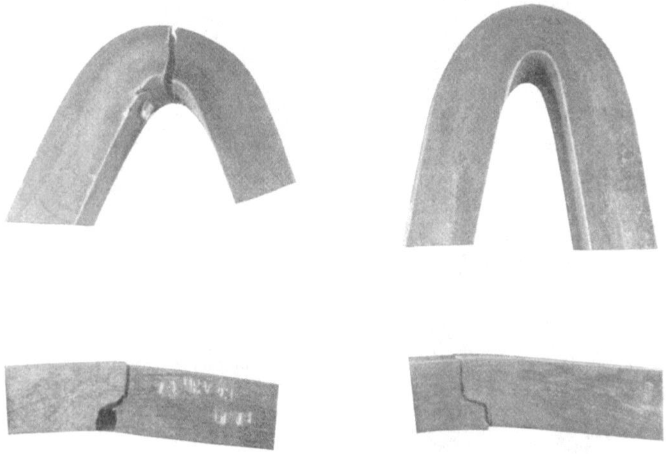

Abb. 5.
Stahl 12 Ni 19 Al; Aussehen der in flüssiger Luft gebogenen Proben;
Wärmebehandlung des Stahls: 900° C/Luftabkühlung

biegen ließ, zerbrachen einige der Proben schon bei kleinen Biegewinkeln, zum Teil bei 10°, spröde wie Glas.

Abb. 3 zeigt einige der bei —180° C gebogenen bzw. zerbrochenen Proben aus Stahl Ck 15 Al.

Nicht nur aus Zerreiß- und Kerbschlagproben, sondern auch aus direkten Bauteilprüfungen geht die Sprödigkeit unlegierter Kohlenstoffstähle hervor. Vor etwa 10 Jahren wurden in den USA [11] 3 geschweißte Behälter aus

a) einem unlegierten Stahl mit 0,11% C,
b) einem 8,5%igen Nickelstahl und
c) einem austenitischen Chromnickelstahl

mit flüssigem Stickstoff (Temperatur = —184° C) gefüllt und der Fallprobe unterzogen Während die Fallprobe (Gewicht von 135 kp aus 1,52 m Höhe) von den Behältern aus dem 8,5%igen Nickelstahl und dem Chromnickelstahl ohne Anrisse bzw. ernsthafteren Beschädigungen ertragen wurde, ging der Behälter aus dem Kohlenstoffstahl beim ersten Schlage vollständig zu Bruch, obwohl die Fallbedingungen gemildert waren (Gewicht von 84 kp aus 1,52 m Höhe).

Zusammenfassend kann festgestellt werden, daß in Übereinstimmung mit den Schrifttumsangaben der Stahl Ck 15 Al bei der Temperatur der flüssigen Luft nur DVM- und DVMF-Kerbschlagzähigkeitswerte von unter bzw. nahe 1 mkp/cm² ergibt. Diese Tatsache sowie das unregelmäßige Verhalten von Dehnung, Einschnürung und Biegewinkel bei —180° C führen zu der Schlußfolgerung, daß ein derartig sprödbruchanfälliger und unsicherer Stahl für den Einsatz bei Temperaturen um —180° C auszuschließen ist. Es bleibt abzuwarten, inwieweit sich die Technische Überwachung der DDR dieser Ansicht anschließt.

Es hat nicht an Versuchen gefehlt, die ferritischen Stähle vom Typ Ck 15 Al zu verbessern. Ein Weg bestand in der Zulegierung von Molybdän. Im Eisen-Forschungsinstitut an einer 500 kp-Schmelze der Zusammensetzung:

Stahl Nr.	Bezeichnung	C %	Si %	Mn %	Mo %	Al %
2	10 Mn Mo 4.4 Al	0,11	0,66	1,06	0,44	0,15

durchgeführte Untersuchungen ergaben jedoch, daß im Walzzustand sowie nach dem Normalglühen bei 920° C und 1000° C die DVM-Kerbschlagzähigkeit bei —180° C unterhalb von a_K = 1 mkp/cm² lag. Sogar durch Wasserabschreckung von 920 bzw. 1000° C wurde die DVM-Kerbschlagzähigkeit nur unwesentlich erhöht, und zwar wurden Werte von a_K unter 2 mkp/cm² erreicht.

2.2 *Nickelstähle*

Es ist seit langer Zeit bekannt, daß durch Nickel die Zähigkeit der Stähle, auch bei tiefen Temperaturen, erheblich verbessert wird [5], [7], [12], [13], [14]. Besonders der Stahl mit 5% Nickel, dessen Kerbschlagzähigkeits-Temperatur-Kurve in Abb. 1 dargestellt ist, erreicht nach Öl- oder Wasserhärtung mit nachfolgendem Anlassen bei —180° C Kerbschlagzähigkeitswerte von etwa 5 mkp/cm². Nach Küntscher, Kilger und Biegler [9] eignet sich dieser Stahl für Kleinteile, wie Schrauben, Muttern, Bolzen usw., die sich einwandfrei vergüten lassen. Von Wiester [5] wurde auf die Schwierigkeiten hingewiesen, die entstehen, wenn die Abschreckgeschwindigkeit beim Härten größerer Querschnitte nicht ausreicht. Gleichzeitig wurde angeführt, daß die Kaltzähigkeit des 5%igen Nickelstahles durch Aluminium-Desoxydation nicht unerheblich zunimmt.

Zur Ermittlung der mechanischen Eigenschaften von mit Aluminium desoxydierten 5%igem Nickelstahl im normalgeglühten Zustand wurde eine 500 kg-Schmelze der Zusammensetzung:

Stahl Nr.	Bezeichnung	C %	Si %	Mn %	P %	S %	Ni %	Al %	N %
3	12 Ni 19 Al	0,13	0,16	0,43	0,018	0,005	4,60	0,13	0,009

auf Blech von 15 mm Dicke abgewalzt und bei 900° C normalgeglüht.

Abb. 4 zeigt das feinkörnige, stark zeilige perlitisch-ferritische Gefüge quer zur Walzrichtung. Zerreiß-, Kerbschlag- und Biegeproben wurden ebenfalls senkrecht zur Walzrichtung entnommen und mit dem in Tabelle 3 zusammengestellten Ergebnis bei + 20° C und —180° C geprüft. Die Zahlen stellen den Streubereich von je 5 Zerreiß- und 6 Kerbschlagproben dar.

TABELLE 3

Festigkeits- und Kerbschlagzähigkeitswerte von Stahl 12 Ni 19 Al

(Wärmebehandlung: 900° C/Luftabkühlung)

Temp. °C	σ_S kp/mm²	σ_B kp/mm²	δ_5 %	ψ %	a_K (mkp/cm²) DVM	DVMF
+ 20	41,7—43,2	56,3—56,6	29,6—30,6	61,6—63,0	11,4—15,1	15,9—20,4
—180	72,4—72,9	85,3—88,5	25,2—33,8	23,2—49,4	0,6—1,1	9,3—16,4

Ähnlich wie bei dem unlegierten Stahl Ck 15 Al weist der normalgeglühte Stahl 12 Ni 19 Al bei —180° C eine starke Streuung besonders der Einschnürungswerte auf. Ein Teil der Proben riß mit plastischem Verformungsbruch, ein anderer Teil dagegen mit kristallinem Sprödbruch. Die DVM-Kerbschlagzähigkeit lag bei —180° C im Mittel unterhalb von 1 mkp/cm², während die DVMF-Probe zwar etwas stärker streuende, dafür aber noch annehmbare Werte ergab. Durchgeführte Alterungsversuche ergaben für die DVMF-Proben jedoch ebenfalls Werte unterhalb von 1 mkp/cm², so daß der 5%ige Nickelstahl im normalgeglühten Zustand für den Temperaturbereich von —180° C ebenfalls nicht einsatzfähig ist. Dieser Befund wird noch durch das unregelmäßige Verhalten der Biegeproben unterstrichen, die genau wie bei dem Stahl Ck 15 Al sich zum Teil zäh verhielten und um 180° biegen ließen, zum Teil aber auch glasspröde waren und bei Biegewinkel unter 10° zerbrachen (Abb. 5).

Bis zum Ende des 2. Weltkrieges war der 5%ige Nickelstahl der nickelreichste Baustahl für den Einsatz bei tiefen Temperaturen. 1947 berichteten ARMSTRONG und BROPHY [15] erstmalig über die Tieftemperatureigenschaften der bis zu diesem Zeitpunkt technisch kaum verwendeten martensitischen Nickelstähle mit rd. 0,1% Kohlenstoff und 8,5 bis 13% Nickel. Wie aus dem bisher über diese neuen Stähle erschienenen Schrifttum [6], [11], [16], [17], [18] hervorgeht, wird heute in den USA im besonderen der Stahl mit rd. 9% Nickel speziell zur Verwendung in Anlagen mit Flüssigsauerstoff, aber auch in der Öl- und Chemischen Industrie wegen seiner guten Korrosionsbeständigkeit in großen Mengen hergestellt. Der Stahl wird in Form von Behältern, Rohren und Armaturen, auch als Guß, eingesetzt und läßt sich gut schweißen. Die empfohlene Wärmebehandlung besteht in einem zweifachen Normalglühen bei 900 und 790° C sowie einem nachfolgenden zweistündigem Anlassen bei 570° C.

Um eigene Erfahrungen an diesen in Deutschland bisher noch unbekannten martensitischen Nickelstählen zu sammeln und um nachzuprüfen, wie die mechanischen Eigenschaften dieser Stahlgruppe im wärmeunbehandelten Walzzustand bei der Temperatur der flüssigen Luft sind, wurde eine 500 kg-Schmelze des 13%igen Nickelstahles im Versuchslichtbogen erschmolzen. Die Charge fiel mit folgender Analyse an:

Stahl Nr.	Bezeichnung	C %	Si %	Mn %	P %	S %	Ni %
4	X 8 Ni 13	0,06	0,28	0,81	0,017	0,006	12,85

Der zu 2 Brammen von 250 kp abgegossene Stahl wurde zu Blechen von 15 mm Dicke ausgewalzt. Der Stahl gelangte sowohl im Walzzustand als auch im normalgeglühten und angelassenen Zustand zur Untersuchung. Im Walzzustand bestand das Gefüge aus sog. α_2-Mischkristallen bzw. Eisennickelmartensit (Abb. 6). Nach der Wärmebehandlung, die bei —180° C die besten Kerbschlagzähigkeitswerte brachte, nämlich 900° C/Luftabkühlung + 725° C/Ofenabkühlung + 2 h 575° C/Luftabkühlung, ergab sich ein Mischgefüge aus Ferrit, Austenit und Martensit (Abb. 7). Die Festigkeits- und Kerbschlagzähigkeitswerte des Stahles X 8 Ni 13 im Walzzustand und nach der besten Wärmebehandlung sind in Tabelle 4 und Tabelle 5 angeführt.

TABELLE 4

Festigkeits- und Kerbschlagzähigkeitswerte von Stahl X 8 Ni 13

(Walzzustand)

Temp. °C	σ_S kp/mm²	σ_B kp/mm²	δ_5 %	ψ %	a_K mkp/cm²
+ 20	83	119	17	50	9
—180	113	154	18	50	5

TABELLE 5

Festigkeits- und Kerbschlagzähigkeitswerte von Stahl X 8 Ni 13

(Wärmebehandlung: 900° C/Luft + 725° C/Ofen + 2 h 575° C/Luft)

Temp. ° C	σ_S kp/mm²	σ_B kp/mm²	δ_5 %	ψ %	a_K mkp/cm²
+ 20	82	92	23	65	16
—180	98	140	23	47	8

Wie aus diesen beiden Zahlentafeln hervorgeht, weist der 13%ige Nickelstahl bereits im Walzzustand bei —180° C gute Kerbschlagzähigkeits-, Dehnungs- und Einschnürungswerte auf, die zusammen mit der hohen Streckgrenze und Zugfestigkeit den Stahl für den Bau von Großkonstruktionen der Kältetechnik außerordentlich geeignet erscheinen lassen. Die Wirtschaftlichkeit läßt sich dadurch noch merkbar erhöhen, daß der Nickelgehalt von 13% auf 9% gesenkt wird. Ein derartiger Stahl, der noch erprobt werden soll, enthält gegenüber dem austenitischen Chromnickelstrahl X 12 Cr Ni 18.8 18% weniger Chrom und ist deshalb entsprechend billiger. Durch die Doppelnormalisierung mit nachfolgendem Anlassen werden die Zähigkeitswerte auf Kosten der Festigkeitswerte verbessert. Wie die Untersuchungen im einzelnen noch ergeben haben, empfiehlt es sich aber nicht, den

13%igen Nickelstahl im Walzzustand zu verwenden, weil bei einem Anlassen auf Temperaturen zwischen 200 und 500° C eine erhebliche Versprödung eintritt. Notwendig ist deshalb ein vorbeugendes Anlassen im Temperaturbereich von 560 bis 590° C mit nachfolgender sorgfältiger Luftabkühlung. Der große Vorteil dieses Stahles besteht also darin, daß bei —180° C gute Kerbschlagzähigkeitswerte vorhanden sind, ohne daß das Erfordernis besteht, den Stahl von hohen Temperaturen schroff abzuschrecken. Zur Erzielung guter Kaltzähigkeitswerte genügt ein Anlassen des warmgeformten Stahles bei niedrigen Temperaturen.

3. Austenitische Stähle

3.1 *Stähle auf Manganbasis*

Seit vielen Jahren finden besonders in Deutschland hochlegierte Mangan- bzw. Manganchromstähle für Zwecke der Tieftemperaturtechnik Verwendung [5], [8], [9], [19]. Es lassen sich im wesentlichen 3 Stahlgruppen unterscheiden: Stähle mit 13 bis 17% Mangan + 14 bis 16% Chrom, Stähle mit 18 bis 20% Mangan + 9 bis 13% Chrom und Stähle mit 18 bis 22% Mangan und 2 bis 4% Chrom. Die ersten beiden Gruppen weisen bei einem Kohlenstoffgehalt von etwa 0,1% bei —180° C eine Kerbschlagzähigkeit von 15 bis 25 mkp/cm² auf, die dritte Gruppe mit einem Kohlenstoffgehalt von etwa 0,4% eine solche von 2 bis 7 mkp/cm². In den letzten Jahren werden vorzugsweise Stähle der 3. Gruppe hergestellt. Typische Vertreter dafür sind der von den Deutschen Edelstahlwerken angebotene Stahl X 40 Mn Cr 18 mit 0,4% C, 18% Mn und 3,2% Cr sowie der Rheinrohrstahl X 40 Mn Cr 22 mit 0,4% C, 22% Mn und 3% Cr.

Wesentlich ist, daß die angeführten Kerbschlagzähigkeitswerte bei diesen Stählen nur nach dem Wasserablöschen von 1050° C erhalten bzw. garantiert werden. Es ist nur wenig über die mechanischen Eigenschaften der Mangan- und Manganchromstähle bei —180° C bekannt, falls keine Abschreckbehandlung durchgeführt wird. Darüber sowie über einige andere austenitische Stähle auf Manganbasis soll im folgenden berichtet werden.

Zunächst wurden Untersuchungen an einem reinen Manganstahl durchgeführt. Im 500 kp-Versuchslichtbogenofen wurde eine Charge der Zusammensetzung:

Stahl Nr.	Bezeichnung	C %	Si %	Mn %	P %	S %
5	X 8 Mn 18	0,09	1,01	16,4	0,106	0,004

erschmolzen, zu Brammen von 250 kp abgegossen und zu Blechen von 15 mm Dicke abgewalzt. Das Gefüge des Stahles bestand im Walzzustand aus Austenit mit der hexagonalen ε-Phase (Abb. 8). Die ε-Phase ließ sich sowohl durch Debye-Scherrer-Diagramme als auch durch Dilatometer-Kurven einwandfrei nachweisen. Abb. 9 zeigt beispielsweise die Längenänderungen, die beim Erhitzen und Abkühlen der Legierung ablaufen. Die $\varepsilon \rightarrow \gamma$-Umwandlung bei der Erhitzung findet im Temperaturbereich von 200 bis 260° C statt und ist mit einer erheblichen Ausdehnung verbunden. Die $\gamma \rightarrow \varepsilon$-Rückumwandlung beginnt bei 110° C und ist bei 50° C noch nicht abgeschlossen. Der Beginn der Umwandlungen ist durch scharfe Knickpunkte in der Dilatometerkurve gekennzeichnet. Dies ist insofern von Bedeutung, als von SCHEIL [20] die Dilatometerkurve einer Eisen-Mangan-Legierung mit 20% Mn gezeigt wurde, bei der die Übergänge der einzelnen Kurvenabschnitte sehr verwaschen waren. Dies dürfte darauf zurückzuführen sein, daß die Probe von SCHEIL geseigert war, während bei der eigenen Großschmelze beim Warmwalzen eine weitgehende Homogenisierung stattgefunden hat.

Die Brinellhärte des Stahles X 8 Mn 18 betrug im Walzzustand 234 kp/mm². Weder Gefüge noch Härte ließen sich durch Abschreck- und sonstige Wärmebehandlungen merkbar beeinflussen. Der Stahl war unmagnetisch.

Die an je 3 Zerreiß- und 5 Kerbschlagproben bei +20 und —180° C ermittelten Werte des Stahles im Walzzustand sowie nach dem Abschrecken von 1050° C in Wasser sind in Tabelle 6 zusammengestellt.

TABELLE 6

Festigkeits- und Kerbschlagzähigkeitswerte von Stahl X 8 Mn 18

Behandlung	Temp. °C	σ_S kp/mm²	σ_B kp/mm²	δ_5 %	ψ %	a_K mkp/cm²
Walzzustand	+ 20	33	53	5	6	1,4
	—180	50	68	3	4	0,5
1050° C/W.	+ 20	33	95	20	21	18,9
	—180	46	82	11	7	0,5

Der vorliegende Stahl erweist sich demnach im Walzzustand als auch nach dem Abschrecken von 1050° C bei —180° C als außerordentlich spröde. Durch andere Wärmebehandlungen ließ sich die Zähigkeit nicht steigern. Es ergab sich, daß die Kerbschlagzähigkeit im Walzzustand erst bei einer Temperatur von etwa +100° C den Wert von 5 mkp/cm² erreichte. Oberhalb von 250° C ergaben sich Kerbschlagzähigkeiten um 25 mkp/cm². Es wurde jedoch festgestellt, daß die Kerbschlagzähigkeit nicht in Zusammenhang mit der hexagonalen, ähnlich wie Martensit durch einen Schiebungsvorgang im Kristallgitter sich ausbildenden ε-Phase steht.

Es wurde nun untersucht, inwieweit die mechanischen Eigenschaften des Stahles X 8 Mn 18 durch einen Zusatz von 5% Nickel verbessert werden. Eine 500 kp-Charge aus dem Lichtbogenofen fiel mit folgender Zusammensetzung an:

Stahl Nr.	Bezeichnung	C %	Si %	Mn %	P %	S %	Ni %
6	X 8 Mn Ni 18.5	0,09	1,23	16,86	0,114	0,004	5,91

Die Charge wurde wieder zu 250 kp-Brammen abgegossen und zu 15 mm-Blechen ausgewalzt. Es zeigte sich, daß ausgeprägte Kristallseigerungen vorhanden waren (Abb. 10), die auch durch einstündiges Glühen bei 1200° C nicht ganz ausgeglichen werden konnten (Abb. 11). Wie durch röntgenographische und dilatometrische Untersuchungen nachgewiesen wurde, bestand das Gefüge nur aus Austenit. Die ε-Phase trat nicht mehr auf.

Die an je 3 Zerreiß- und 5 Kerbschlagproben bei +20 und —180° C ermittelten Werte des Stahles im Walzzustand sowie nach dem Abschrecken von 1050° C in Wasser sind in Tabelle 7 zusammengestellt.

TABELLE 7

Festigkeits- und Kerbschlagzähigkeitswerte von Stahl X 8 Mn Ni 18.5

Behandlung	Temp. °C	σ_S kp/mm²	σ_B kp/mm²	δ_5 %	ψ %	a_K mkp/cm²
Walzzustand	+ 20	21	64	27	31	24,2
	—180	38	85	12	13	1,8
1050° C/Wasser	+ 20	20	70	61	67	30,1
	—180	40	113	35	30	16,1

Der Tabelle ist zu entnehmen, daß der Stahl im Walzzustand nicht den Zähigkeitsanforderungen entspricht. Sowohl Dehnung und Einschnürung als auch besonders die Kerbschlagzähigkeit liegen sehr niedrig und belegen, daß der Stahl in diesem Zustand sehr spröde ist. Die starke Versprödung beim Übergang von Raumtemperatur auf —180° C hängt aber nicht mit der Umwandlung von Austenit zu Martensit zusammen. Eine derartige Umwandlung findet beim Abkühlen nicht statt, wie durch dilatometrische Untersuchungen bei tiefen Temperaturen festgestellt wurde. Nach der Wasserabschreckung von 1050° C weist der Stahl jedoch ganz ausgezeichnete Zähigkeitseigenschaften auf. Verglichen beispielsweise mit dem Stahl X 40 Mn Cr 18, für den deı DEW-Katalog ,,Kaltzähe Baustähle“ bei —170° C folgende Festigkeitswerte angibt:

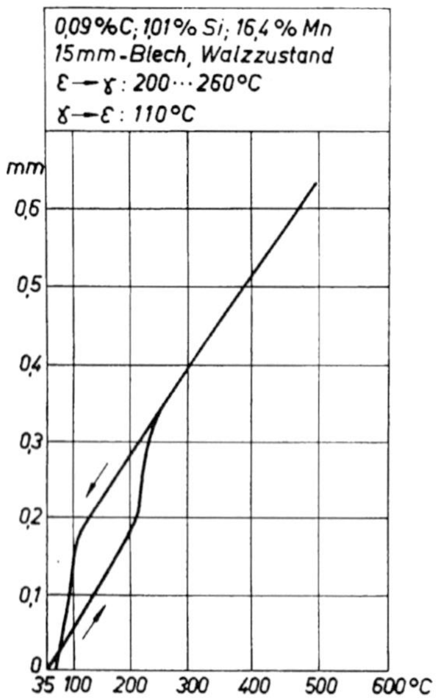

Abb. 9. Dilatometerkurve von Stahl X 8 Mn 18. $\varepsilon \to \gamma$-Umwandlung bei der Erhitzung: 200 bis 260° C. $\gamma \to \varepsilon$-Rückumwandlung bei der Abkühlung: 110° C und tiefer

$$\sigma_S > 48\ \text{kp/mm}^2; \quad \sigma_B > 84\ \text{kp/mm}^2;$$
$$\delta_5 > 14\% \text{ und } a_K > 2\ \text{mkp/cm}^2$$

liegt die Streckgrenze etwas niedriger, aber Zugfestigkeit, Dehnung und besonders die Kerbschlagzähigkeit erreichen wesentlich bessere Werte. Daraus geht unmittelbar hervor, daß in bezug auf die Kaltzähigkeit in austenitischen Manganstählen ein Zusatz von 5% Nickel wesentlich günstiger ist als die Zulegierung von 0,4% Kohlenstoff und 3,2% Chrom.

Die von 1050° C in Wasser abgelöschten austenitischen Stähle auf Manganbasis sind sehr empfindlich gegenüber einer nachfolgenden Erwärmung, sobald die Temperatur etwa 300°C übersteigt. Diese dem Schweißen abträgliche Eigenschaft konnte auch bei vorliegendem Stahl festgestellt werden. Für die Untersuchung wurden Kerbschlagprobenrohlinge zunächst von 1050° C in Wasser abgeschreckt und anschließend jeweils 1 Stunde bei Temperaturen zwischen 200 und 900° C angelassen. Die Abkühlung nach dem Anlassen erfolgte teils im Ofen, teils wurde in Wasser abgeschreckt. Das Ergebnis ist in Tabelle 8 wiedergegeben und belegt, daß durch das Anlassen selbst und nicht etwa durch die dem Anlassen nachfolgende Abkühlungsart die Versprödung bewirkt wird. Im Gefüge ist die Ursache für die Versprödung (vermutlich handelt es sich um Karbidausscheidungen) mit den üblichen metallographischen Verfahren nicht nachweisbar.

TABELLE 8

Versprödung von abgeschrecktem Stahl X 8 Mn Ni 18.5 durch Anlassen

(Abschrecktemp.: 1050° C; Anlaßzeit: 1 Std.; Prüftemp.: —180° C)

Anlaßtemperatur	a_K (mkp/cm²)	
	Ofenabkühlung	Wasserabschreckung
(20)	(16,1)	(16,1)
200	13,9	22,4
300	20,7	21,7
500	7,7	11,3
700	1,5	1,9
900	1,4	2,9
1050	1,4	16,1

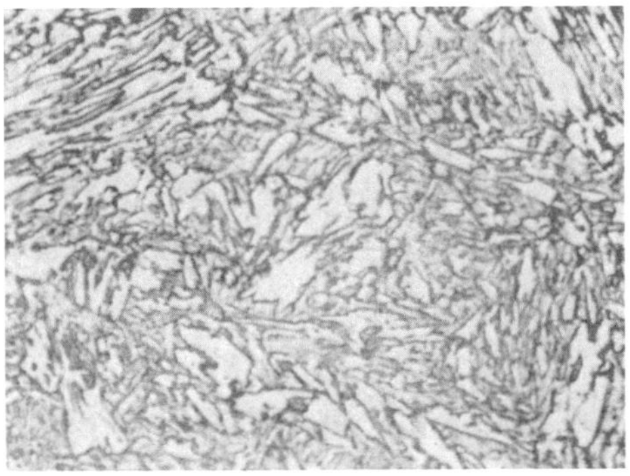

Abb. 6. Feingefüge von Stahl X 8 Ni 13. Walzzustand. α_2-Mischkristalle (Eisennickelmartensit). Querschliff; HB = 341 kp/mm^2; Ätzung: HNO_3; 1000 : 1

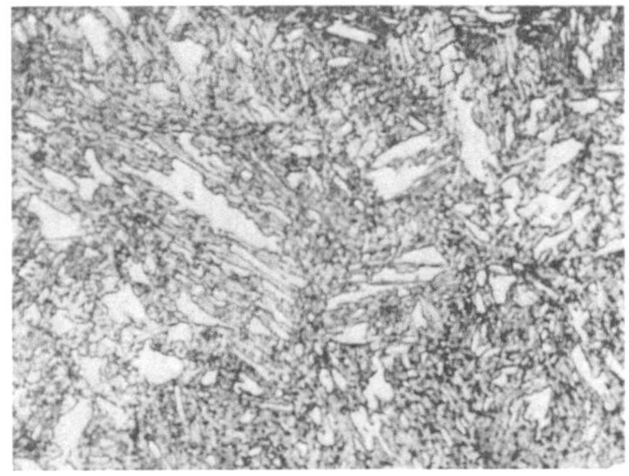

Abb. 7. Feingefüge von Stahl X 8 Ni13. Wärmebehandlung: 900° C/Luft + 725° C/Ofen + 2 h 575° C/Luft. Ferrit + Austenit + α_2-Mischkristalle. Querschliff; HB = 276 kp/mm^2; Ätzung: HNO_3; 1000 : 1

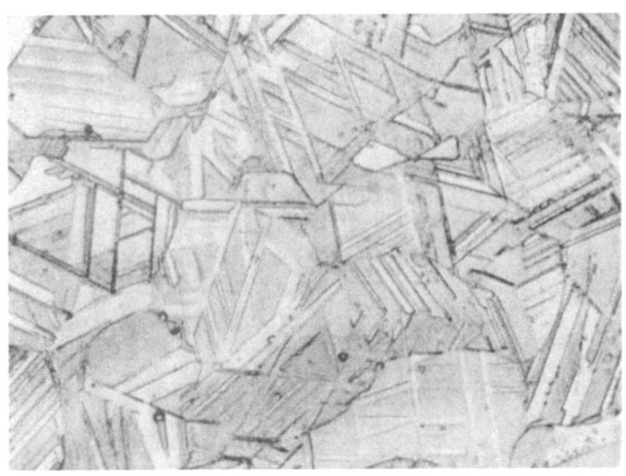

Abb. 8. Feingefüge von Stahl X 8 Mn 18. Walzzustand. Austenit mit ε-Phase. Querschliff; HB = 234 kp/mm^2; Ätzung: HNO_3; 500 : 1

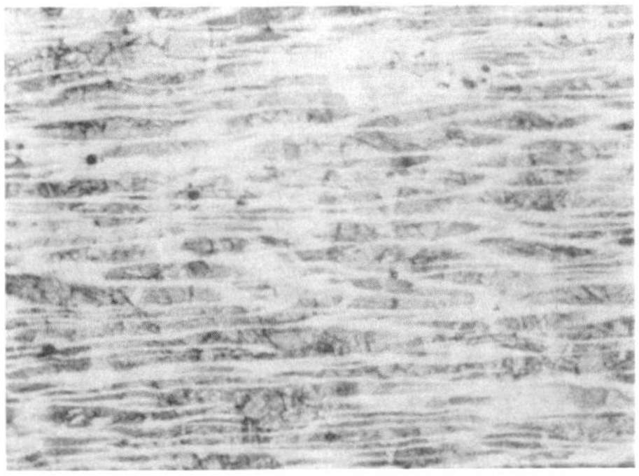

Abb. 10. Feingefüge von Stahl X 8 Mn Ni 18.5. Walzzustand. Austenit mit ausgeprägten Kristallseigerungen. Längsschliff; Ätzung: HNO_2; 100 : 1

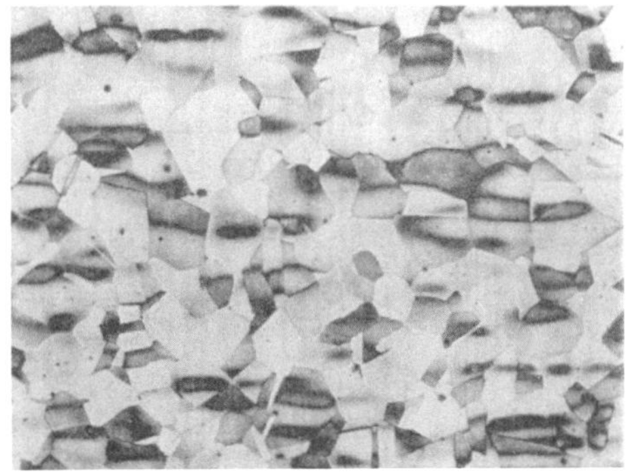

Abb. 11. Feingefüge von Stahl X 8 Mn Ni 18.5. Behandlung: 1 h 1200° C/Luft. Austenit mit schwachen Kristallseigerungen. Längsschliff; Ätzung: HNO_3; 100 : 1

Abb. 12. Feingefüge von Stahl X 40 Mn Cr 22. Walzzustand. Austenit. Längsschliff; elektrolytisch poliert mit AC 2; 500 : 1

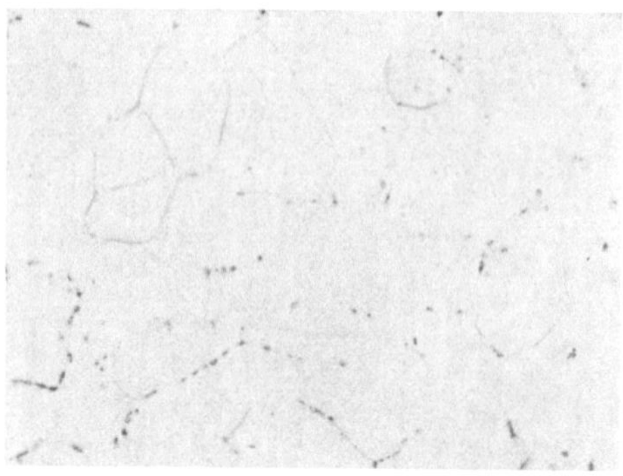

Abb. 13. Feingefüge von Stahl X 40 Mn Cr 22. Walzzustand. Vereinzelte globulierte Karbide an den Korngrenzen. Längsschliff; Ätzung: HNO_3; 500 : 1

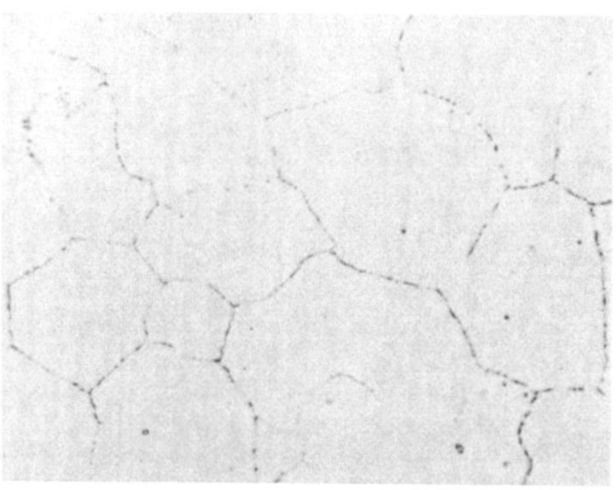

Abb. 14. Feingefüge von Stahl X 40 Mn Cr 22. 1000° C/Wasser + 1 h 700° C/Wasser. Vermehrte Karbidausscheidung an den Korngrenzen. Längsschliff; Ätzung: Chromsäure; 500 : 1

Ein weiterer Stahl auf Manganbasis, der hinsichtlich seiner kaltzähen Eigenschaften geprüft wurde, lag in Form von abgewalzten 15 mm dicken Blechen aus einer 500 kp-Schmelze der chemischen Zusammensetzung:

Stahl Nr.	Bezeichnung	C %	Si %	Mn %	P %	S %	Cr %
7	X 40 Mn Cr 22	0,33	1,49	20,80	0,105	0,104	3,38

vor und entsprach etwa dem Rheinrohrstahl TTA 23 S. Im Walzzustand bestand das Gefüge aus Austenitpolyedern (Abb. 12) mit Karbiden, die in globulierter Firm vorzugsweise an den Korngrenzen ausgeschieden waren (Abb. 13). Durch Abschrecken von 1050° C in Wasser wurden sämtliche Karbide in Lösung gebracht. Anlassen bei Temperaturen zwischen 600 und 900° C ergab verstärkte Karbidausscheidungen, wie dies Abb. 14 an einer bei 700° C angelassenen Probe zeigt.

Die an je 3 Zerreiß- und 5 Kerbschlagproben bei +20 und —180 ° C ermittelten Werte des Stahles im Walzzustand sowie nach dem Abschrecken von 1000° C in Wasser sind in Tabelle 9 zusammengestellt.

TABELLE 9

Festigkeits- und Kerbschlagzähigkeitswerte von Stahl X 40 Mn Cr 22

Behandlung	Temp. °C	σ_S kp/mm²	σ_B kp/mm²	δ_5 %	ψ %	a_K mkp/cm²
Walzzustand	+ 20	38	89	49	48	22,0
	—180	60	125	21	18	4,2
1000° C/Wasser	+ 20	33	82	56	59	22,9
	—180	47	114	20	17	8,0

Damit ergibt sich, daß dieser Stahl bereits im Walzzustand bei —180° C die erforderliche Kerbschlagzähigkeit besitzt. Durch Abschrecken von 1000° C tritt noch eine Verbesserung um 100% ein. Die Einschnürung des Stahles ist jedoch sowohl im Walzzustand als auch nach dem Ablöschen gering und praktisch auf die Querschnittsabnahme durch die Querkontraktion beschränkt. Insgesamt wurden jedoch die im Rheinrohr-Katalog für diesen Stahl angeführten Werte erreicht (bei +20° C: $\sigma_S > 28$ kp/mm²; $\sigma_B = 70$ bis 90 kp/mm²; $\delta_5 > 35\%$; $\psi > 35\%$; $a_K > 16$ mkp/cm²; bei —195° C: $a_K = 8$ mkp/cm²).

TABELLE 10

Versprödung von abgeschrecktem Stahl X 40 Mn Cr 22 durch Anlassen

(Abschrecktemp.: 1000° C; Anlaßzeit: 1 Std.; Prüftemp.: —180° C)

Anlaßtemperatur	a_K (mkp/cm²) Ofenabkühlung	a_K (mkp/cm²) Wasserabschreckung
(20)	(8,0)	(8,0)
200	8,5	7,7
300	7,9	8,0
500	7,2	7,6
700	1,2	1,7
900	2,7	5,2
1000	2,8	8,0

Ähnlich wie bei dem Stahl X 8 Mn Ni 18.5 beschrieben, versprödet auch der abgeschreckte, zähe Stahl X 40 Mn Cr 22, sofern er angelassen wird. Das Minimum der Kerbschlagzähigkeit liegt bei 700° C. Infolge des höheren Kohlenstoffgehaltes lassen sich die die Versprödung bewirkenden Karbidausscheidungen an den Austenitkorngrenzen einwandfrei durch elektrolytisches Ätzen mit 10%iger wäßriger Chromsäure nachweisen (Abb. 14). In Tabelle 10 sind die nach Anlassen bei verschiedenen Temperaturen von abgelöschtem Stahl erhaltenen Kerbschlagzähigkeitswerte zusammengestellt und zwar für Luftabkühlung und für Wasserabschreckung nach dem Anlassen.

Zur Nachprüfung der mechanischen Eigenschaften bei —180° C eines sowohl an Mangan als auch an Chrom hochlegierten Stahles wurde nachstehender Stahl in einem basisch zugestellten 12 t-Lichtbogenofen erschmolzen:

Stahl Nr.	Bezeichnung	C %	Si %	Mn %	P %	S %	Cr %	Ti %	Al %
8	X 12 Mn Cr Ti 16.11	0,12	1,84	14,98	0,083	0,002	11,36	0,51	0,052

Die aus 6,2 t-Polygonalblöcken geschmiedeten Brammen wurden nach dem Überhobeln zu Blechen von 16 mm Dicke ausgewalzt. Die Entnahme der Proben erfolgte aus warmgepreßten, danach an Luft abgekühlten Halbkugeln von rund 1000 mm ⌀. Der Zusammensetzung nach sollte der Stahl vollaustenitisch sein, wie aus der von SCHMIDT und LEGAT [21] angegebenen Eisenecke des Systems Eisen–Chrom–Mangan für einen Kohlenstoffgehalt von 0,1% hervorgeht. Bei der magnetischen und metallographischen Untersuchung zeigte es sich jedoch, daß der Stahl 5% δ-Ferrit enthielt (Abb. 15). Die Ursache dafür ist in den zur Verfügung stehenden Legierungselementen zu suchen. Das verwendete 26%ige Ferrotitan enthielt noch 6,8% Aluminium und das Manganmetall 4 bis 5% Silizium. Auf die Zusätze an Titan, Silizium und Aluminium, alles δ-Ferritbildner, ist das Auftreten des δ-Ferrits zurückzuführen.

An dieser Stelle sei vermerkt, daß der VEB Elektrochemisches Kombinat Bitterfeld in Sonderproduktion zwar ein Manganmetall mit nur 0,7% Silizium herstellt. Der Preis beträgt aber etwa das 7fache des handelsüblichen Manganmetalls und immerhin noch das 3fache des Nickelmetalls, so daß dieses siliziumarme Manganmetall aus wirtschaftlichen Gründen für die Erschmelzung von größeren Mengen an hochlegierten Manganchrom-Stählen zur Zeit nicht in Betracht kommt.

Durch Wärmebehandlungen ließ sich der δ-Ferrit nicht zur Auflösung bringen. Ein Abschrecken von 1000 und 1100° C veränderte den δ-Ferritgehalt nicht. Mit weiter steigender Abschrecktemperatur nahm die Menge an δ-Ferrit noch zu: bei 1150° C waren es etwa 10% und bei 1250° C etwa 20%.

Die bei dem Stahl X 12 Mn Cr Ti 16.11 erhaltenen Festigkeits- und Kerbschlagzähigkeitswerte, einmal für den warmgepreßten Anlieferungszustand und zum anderen für den von 1100° C in Wasser abgeschreckten Zustand sind in Tabelle 11 zusammengestellt (Werte aus zwei bis drei Versuchen).

Da die Stäbe aus bereits fertig gepreßten Halbkugeln entnommen wurden, ließen sich Blechlängs- und -querrichtung nicht unterscheiden. Aus der Tabelle 11 geht hervor, daß eine Abschreckbehandlung keine merkbare Verbesserung der Festigkeits- und Kerbschlagzähigkeitswerte bei der Temperatur der flüssigen Luft mit sich bringt. Im besonderen tritt keine Steigerung der Bruchdehnung, Einschnürung und Kerbschlagzähigkeit auf. Der zu fordernde Mindestwert der Kerbschlagzähigkeit von 3 mkp/cm² wird zwar sowohl im warmgepreßten als auch im abgelöschten Zustand im Mittel knapp überschritten, jedoch fallen

TABELLE 11

Festigkeits- und Kerbschlagzähigkeitswerte von Stahl X 12 Mn Cr Ti 16.11

Behandlung	Temp. °C	σ_S kp/mm²	σ_B kp/mm²	δ_5 %	ψ %	a_K mkp/cm²
Warmgepreßt	+ 20	34	101	47	51	14,0
	—180	35	129	13	9	3,2
1100° C/Wasser	+ 20	23	100	42	54	17,8
	—180	27	135	11	10	3,9

Einzelwerte unter die Minimalgrenze. In Anbetracht des hohen Legierungsaufwandes ist auch die mittlere Kerbschlagszähigkeit von 3,2 bzw. 3,9 mkp/cm² entschieden zu niedrig, so daß dieser hochlegierte, aber wenig kaltzähe Mangan-Chrom-Stahl für den Einsatz bei Temperaturen um —180° C ausscheidet.

Dieser Befund wurde durch Biegeversuche, die in flüssiger Luft an Stäben von 35 × 17mm² Querschnitt durchgeführt wurden, erhärtet. Der Stahl gelangte sowohl im warmgepreßten Anlieferungszustand als auch nach dem Abschrecken von 1100° C in Wasser zur Untersuchung. Eine der Biegeproben ist in Abb. 16 festgehalten und zeigt, daß der Stahl sogar nach dem Wasserablöschen bei —180° C spröde wie Glas zerbrach. Die erhaltenen Biegewinkel lagen bei nur 10 bis 40°.

Abschließend sei vermerkt, daß ein ähnlicher hochlegierter Mangan-Chrom-Stahl, nur mit einem höheren Titangehalt von 1,08% und einem Aluminiumgehalt von 0,12% im Preßzustand 10% δ-Ferrit enthielt. Die DVM-Kerbschlagzähigkeit lag bei —180° C im Preßzustand im Mittel bei 1,6 mkp/cm² und im abgelöschten Zustand bei 2,6 mkp/cm². Von diesem Stahl wurde die 3 mkp/cm²-Grenze also überhaupt nicht erreicht.

3.2 *Stähle auf Chromnickelbasis*

In dem hier interessierenden Temperaturbereich von —180 bis —200° C weisen besonders die austenitischen Chromnickelstähle alle diejenigen Eigenschaften auf, die an einen kaltzähen Stahl zu stellen sind: Hohe Festigkeit, Dehnung, Einschnürung und Kerbschlagzähigkeit, ausgezeichnete plastische Formbarkeit auch bei kleinen Wanddicken, gute Schweißbarkeit, Polierbarkeit und Rostbeständigkeit sowie geringe Wärmeleitfähigkeit. Diese Stähle haben in ihrer Kerbschlagzähigkeits-Temperaturkurve des weiteren keinen Steilabfall wie die ferritischen Stähle: Bei +20° C beträgt die DVM-Kerbschlagzähigkeit rd. 25 mkp/cm² und bei —180° C immer noch 15 bis 20 mkp/cm². Die hohe Zähigkeit der Chromnickelstähle bei tiefen Temperaturen ergibt sich nicht nur aus den Prüfproben, sondern wurde auch bei dem eingangs geschilderten Betriebsgroßversuch vollauf bestätigt [11]. MUNDT [22] beschrieb einen Fall, bei dem ein geschweißter Behälter aus austenitischem Chromnickelstahl bei —180° C unter Betriebsbedingungen erheblich deformiert wurde. Beim Zurückdrücken der Einbeulungen durch Wasser und bei der nachfolgenden Druckprobe wurden keinerlei Undichtigkeiten oder andere Schäden am Blech und den Schweißnähten festgestellt.

Über die mechanischen Eigenschaften der austenitischen Chromnickelstähle im Temperaturbereich von +20° C bis —200° C liegen im Schrifttum zahlreiche Angaben vor [5], [12], [13], [19], [23], [24], [25], [26], [27], [28], [29], [30]. Danach nimmt die Streckgrenze verhältnismäßig wenig, die Zugfestigkeit durch Martensitbildung aber sehr stark mit fallender Temperatur zu. Demgegenüber sinken Dehnung, Einschnürung und Kerbschlagzähigkeit nur wenig ab. Darüber hinaus wurden von CHOQUET, KRIVOBOK und WELTER [31]

Schlagzugversuche an austenitischen rostbeständigen Stählen bei +20° C und —180° C durchgeführt. Nach ZAMBROW und FONTANA [32] nimmt die Wechselfestigkeit mit fallender Temperatur bei allen Stählen zu. Sie scheint proportional mit der Zugfestigkeit anzusteigen. Von McADAM, GEIL und CROMWELL [33] wurden die mechanischen Eigenschaften und das Fließverhalten von austenitischen Chromnickelstählen an ungekerbten und gekerbten Probestäben zwischen +20° C und —180° C ermittelt. Von KRIVOBOK [26] wurden der Elastizitätsmodul bestimmt sowie Schlagzugversuche an geglühtem und an kaltgeformtem Stahl bis zu Temperaturen von —200° C durchgeführt. Das Dehnverhalten einiger Stähle bei tiefen Temperaturen wurde von MATHIEU [34] untersucht. BRISTOW [35] gab eine allgemeine Übersicht über die mechanischen Eigenschaften, darunter auch der Dauerfestigkeit, von Stählen bei tiefen Temperaturen.

Die mechanischen Eigenschaften der austenitischen Chromnickelstähle wurden in den genannten Arbeiten ausnahmslos an von 1050 bis 1100° C in Wasser abgeschrecktem, warmgeformten Stahl bestimmt. Über die mechanischen Eigenschaften der austenitischen Chromnickelstähle bei —180° C im wärmeunbehandelten Schmiede- oder Walzzustand und nach Anlaßglühungen ist dagegen nur wenig bekannt geworden. SCHMIDT [36] untersuchte den Einfluß einer 100stündigen Anlaßglühung bei 500° C auf die Kerbschlagzähigkeit von unstabilisiertem Stahl X 12 Cr Ni 18.8 mit 0,14 bzw. 0,07% Kohlenstoff und fand eine Verringerung der Kerbschlagzähigkeit bei tiefen Temperaturen. Die Abnahme der Kerbschlagzähigkeit war bei dem Stahl mit 0,14% C sehr erheblich, bei dem Stahl mit 0,07% C dagegen nur gering. Nach KRIVOBOK [37] verändern weder geglühte noch gewalzte austenitische Chromnickelstähle durch 100stündiges Halten bei —196° C ihre mechanischen Eigenschaften.

In den nachfolgenden Ausführungen werden die im Fachschrifttum enthaltenen Angaben durch Untersuchungen über die Beeinflussung der mechanischen Eigenschaften bei tiefen Temperaturen von Walzstahl durch Wärmebehandlungen sowie über die Unterschiede zwischen wärmeunbehandeltem und abgelöschtem Stahl ergänzt. Die Ergebnisse sind insbesondere für das Schweißen von Blechen von Bedeutung, da neben der Schweißnaht in der Wärmeübergangszone alle Temperaturen zwischen Schmelz- und Raumtemperatur vorkommen.

Zunächst wurde ein unstabilisierter austenitischer Chromnickelstahl, erschmolzen im 500 kp-Lichtbogenofen mit der chemischen Zusammensetzung:

Stahl Nr.	Bezeichnung	C %	Si %	Mn %	Cr %	Ni %
9	X 12 Cr Ni 18.8	0,15	0,58	0,35	19,8	10,0

und ausgewalzt auf Bleche von 15 mm Dicke, geprüft. Das Gefüge bestand aus Austenit mit 0,5% δ-Ferrit. Die an je 10 Zerreiß- und Kerbschlagproben erhaltenen Werte für den walzrohen Zustand nach dem Abschrecken von 1050° C in Wasser und nach 24stündigem Anlassen bei 800° C sind in Tabelle 12 wiedergegeben.

Die Überlegenheit des abgeschreckten Stahles gegenüber dem rohgewalzten und dem angelassenen Stahl ist ohne weiteres ersichtlich und zeigt, daß der unstabilisierte Stahl X 12 Cr Ni 18.8 nur dann voll ausgenutzt werden kann, wenn der Stahl abgelöscht wird. Eine Verwendung von rohgewalztem Stahl wird auch dadurch ausgeschlossen, daß der Stahl in diesem Zustand wegen der an den Korngrenzen ausgeschiedenen Karbide stark anfällig gegenüber interkristalliner Korrosion ist. Der Hauptwert dieser Prüfungen liegt deshalb in der Schaffung einer Vergleichsbasis, um die Wirkung der Stabilisierungselemente Titan und Niob + Tantal zu erfassen.

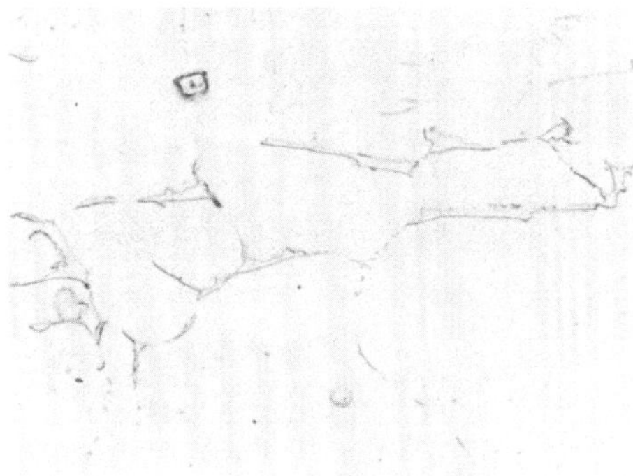

Abb. 15.
Feingefüge von Stahl X 12 MnCrTi 16.11.
Warmgepreßt. Austenit mit δ-Ferrit und Titankarbid. Ätzung: V2A-Beize; 500 : 1

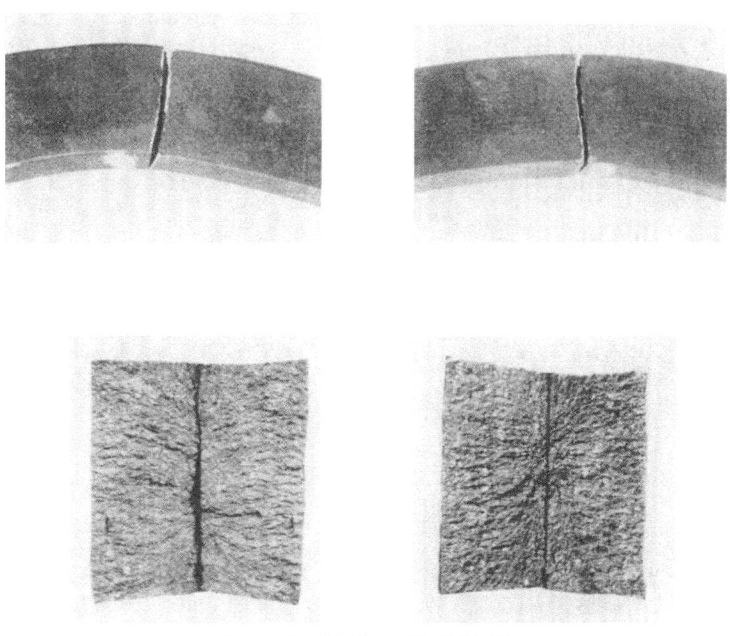

Abb. 16. Stahl X 12 MnCrTi 16.11.
Aussehen der in flüssiger Luft gebogenen Proben.
Wärmebehandlung: 1100° C/Wasserabschreckung. 1 : 1

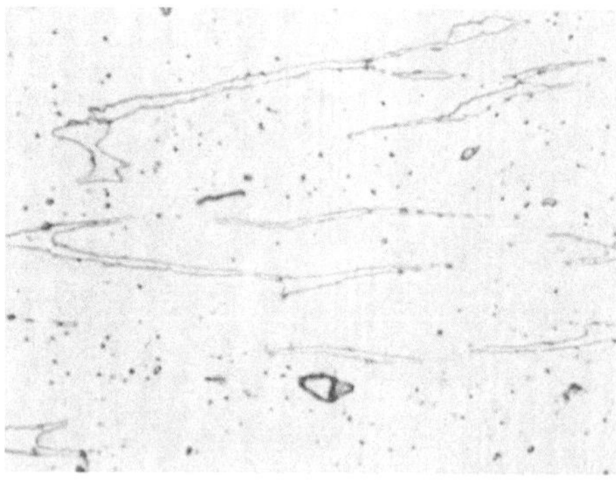

Abb. 17. Feingefüge von Stahl X 10 Cr Ni Nb 18.10. Walzzustand. Austenit mit δ-Ferrit und Karbiden. Längsschliff; Ätzung: Chromsäure; 1000 : 1

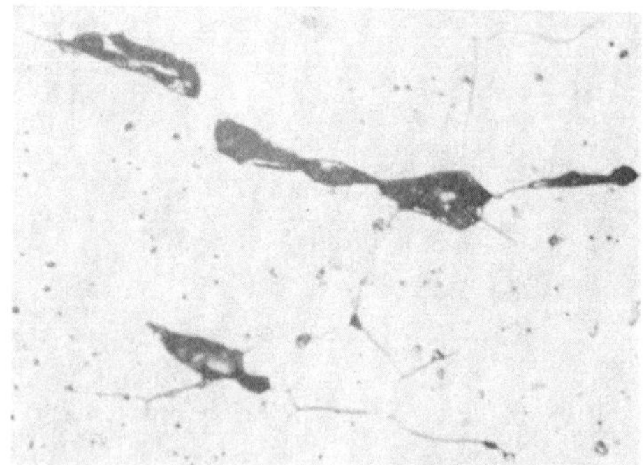

Abb. 18. Feingefüge von Stahl X 10 Cr Ni Nb 18.10. Behandlung: 1100° C/Wasser + 24 h 700° C/Luft. Austenit mit Karbiden, 2,6% σ-Phase und 0,2% δ-Ferrit. Längsschliff; Ätzung: Chromsäure; 1000 : 1

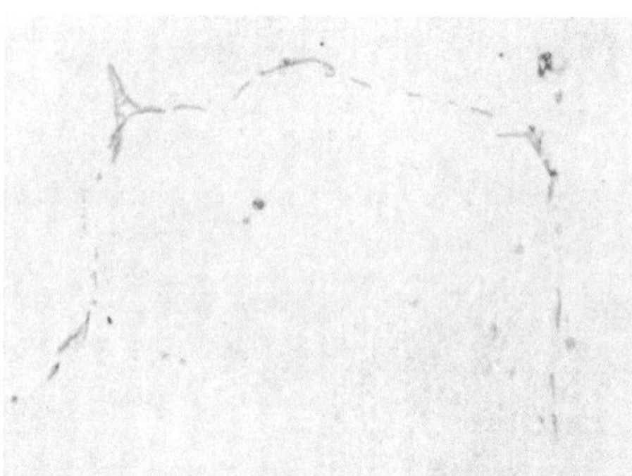

Abb. 19. Feingefüge von Stahl X 10 Cr Ni Ti 18.12 im Gußzustand. Austenit mit Karbidnetz an den Korngrenzen. 500 : 1. Poliert mit Diamantpaste $^1/_4\,\mu$; Ätzung: elektrolytisch mit Chromsäure

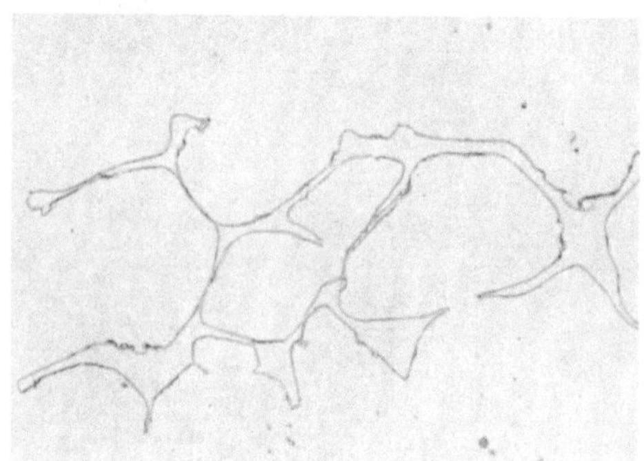

Abb. 20. Feingefüge von Stahl X 10 Cr Ni Nb 18.10 im Gußzustand. Austenit mit δ-Ferrit und Karbiden an den Korngrenzen. 500 : 1. Poliert mit Diamantpaste $^1/_4\,\mu$; Ätzung: elektrolytisch mit Chromsäure

TABELLE 12

Festigkeits- und Kerbschlagzähigkeitswerte von Stahl X 12 Cr Ni 18.8

(Proben quer zur Walzrichtung)

Behandlung	Temp. °C	σ_S kp/mm²	σ_B kp/mm²	δ_5 %	ψ %	a_K mkp/cm²
Walzzustand	+ 20	61	73	25	38	5,4
	—180	66	146	35	31	6,6
1050° C/Wasser	+ 20	29	61	61	68	19,7
	—180	57	145	45	49	18,5
1050° C/Wasser	+ 20	23	60	54	61	12,9
+ 24 h 800° C/Luft	—180	48	140	37	33	8,2

Die beiden, im 500kp-Lichtbogenofen erschmolzenen stabilisierten Stähle hatten folgende chemische Zusammensetzung:

Stahl Nr.	Bezeichnung	C %	Si %	Mn %	Cr %	Ni %	Ti %	Nb %	Ta %
10	X 10 Cr Ni Ti 18.9	0,11	1,21	0,47	18,4	9,5	0,44	—	—
11	X 10 Cr Ni Nb 18.9	0,10	0,61	0,47	18,1	9,7	—	1,08	0,48

Stahl Nr. 10 war mit Titan stabilisiert wobei das Ti:C-Verhältnis 4 betrug. Stahl Nr. 11 war mit Niob+Tantal stabilisiert bei einem (Nb+Ta):C-Verhältnis von 15,6. Beide Stähle lagen in Form von 15 mm-Blechen vor. Der δ-Ferritgehalt von Stahl Nr. 10 betrug 2,0%, der von Stahl Nr. 11 3,0 %. Die an je 10 Zerreiß- und Kerbschlagproben, jeweils senkrecht zur Walzrichtung entnommen, erhaltene Werte sind in den Tabellen 13 und 14 angeführt.

TABELLE 13

Festigkeits- und Kerbschlagzähigkeitswerte von Stahl X 10 Cr Ni Ti 18.9

(Proben quer zur Walzrichtung)

Behandlung	Temp. °C	σ_S kp/mm²	σ_B kp/mm²	δ_5 %	ψ %	a_K mkp/cm²
Walzzustand	+ 20	47	71	46	63	16,4
	—180	42	160	36	47	17,1
1100° C/Wasser	+ 20	28	63	60	70	28,6
	—180	46	160	36	49	19,5
1100° C/Wasser	+ 20	27	63	54	71	23,9
+24 h 800° C/Luft	—180	44	156	31	50	15,9

Aus den Tabellen ist zunächst zu entnehmen, daß die mechanischen Eigenschaften sowohl des mit Titan als auch des mit Niob + Tantal stabilisierten Stahles im Gegensatz zu dem unstabilisierten Stahl Nr. 9 nur verhältnismäßig wenig beeinflußt werden. Beide Stähle weisen in allen Behandlungszuständen sehr gute Dehnungs-, Einschnürungs- und Kerbschlagzähigkeitswerte bei —180° C auf und sind darüber hinaus von einer hohen Gleichmäßigkeit. Der titanlegierte Stahl übertrifft dabei den Tantal + Niob-legierten Stahl noch erheblich. Die geringfügige Abnahme der Kerbschlagzähigkeit beim Anlassen auf

TABELLE 14
Festigkeits- und Kerbschlagzähigkeitswerte von Stahl X 10 Cr Ni Nb 18.9
(Proben quer zur Walzrichtung)

Behandlung	Temp. °C	σ_S kp/mm²	σ_B kp/mm²	δ_5 %	ψ %	a_K mkp/cm²
Walzzustand	+ 20	31	62	48	56	10,3
	—180	46	149	34	35	9,2
1100° C/Wasser	+ 20	29	60	52	60	13,4
	—180	50	152	35	38	12,2
1100° C/Wasser	+ 20	27	61	48	56	10,1
+ 24 h 800° C/Luft	—180	48	150	32	34	8,7

800° C ist bei beiden Stählen auf teilweise Umwandlung des δ-Ferrits in σ-Phase zurückzuführen (Abbildungen 17 und 18). Beide Stähle waren in allen 3 Behandlungszuständen gegenüber interkristalliner Korrosion, geprüft mit der Kochprobe in schwefelsaurer Kupfersulfatlösung, beständig. Inwieweit sich die unterschiedlichen Walzendtemperaturen und Abkühlungsgeschwindigkeiten, die im Begriff ,,Walzzustand" enthalten sind, sowie andersartige Korrosionsmittel und -bedingungen auf die Kornzerfallsbeständigkeit auswirken, muß fallweise im einzelnen untersucht werden. Dabei tritt das Problem der Korrosion bei tiefen Temperaturen auf, über das noch wenig bekannt ist. Von der Seite der mechanischen Eigenschaften bei +20 bis —180° C her besteht jedenfalls kein zwingender Grund, den Stahl von 1050 bis 1100° C in Wasser abzulöschen. Dies dürfte für zahlreiche Verwendungszwecke der Tieftemperaturtechnik sehr vorteilhaft sein, da einmal bei komplizierten Teilen ein mögliches Verziehen beim Erwärmen auf die hohe Glühtemperatur bzw. beim nachfolgenden Ablöschen vermieden wird, und zum anderen das Ablöschen von warmgepreßten und verhältnismäßig dünnwandigen Halbkugeln, Behältern u. dgl. technisch nicht ganz einfach ist, zumal wenn die sehr angestrengte Glühkapazität in den Werken berücksichtigt wird.

4. Mechanische Eigenschaften von gegossenen austenitischen Chromnickelstählen bei +20° C und —180° C

Die Kenntnis der mechanischen Eigenschaften von austenitischem Chromnickel-Stahlguß bei tiefen Temperaturen ist in verschiedener Hinsicht von praktischer Bedeutung: Einmal läßt sich durch die modernen Gießverfahren heute ein Konstruktionsteil durch Gießen häufig wirtschaftlicher herstellen als durch Warmformgebung, besonders wenn die schwierige und langwierige mechanische Bearbeitbarkeit der zähen und sich stark kaltverfestigenden austenitischen Stähle berücksichtigt wird, und zum anderen stellenSchweißnähte ja nichts anderes dar als schnell abgekühlten Stahlguß. Untersuchungen an Stahlguß lassen sich deshalb mit gewissen Einschränkungen auch auf Schweißen übertragen.

Über die mechanischen Eigenschaften von austenitischem Chromnickel-Stahlguß liegen im Schrifttum nur sehr spärliche Angaben vor. JUPPENLATZ [38] berichtete über die Kerbschlagzähigkeit von 12 verschiedenen austenitischen Chromnickelstählen im Gußzustand bei tiefen Temperaturen. Je ein Stahl war mit Titan und mit Niob stabilisiert. Auch der Einfluß von verschiedenen Wärmebehandlungen wurde untersucht. Der Verfasser kam zu dem Schluß, daß das Verhältnis von Ferrit zu Austenit bzw. die magnetische Permeabilität in keiner Beziehung zur Kerbschlagzähigkeit bei Raumtemperatur oder bei tieferer Temperatur steht. Eine Abschreckbehandlung von 1050 bis 1100° C ergab die besten Kerbschlagzähigkeitswerte. Durch nachträgliches Anlassen wurden die Stähle je nach Legierungsgehalt und Anlaßtemperatur verschieden stark versprödet. Von MAYER und BALAJIVA [39] wurden die mechanischen Eigenschaften einschließlich Kerbschlagzähigkeit von 3 Betriebs- und 6 50-kp-Laborschmelzen bei +20° C, —78° C und—196° C bestimmt. Sämtliche Stähle, davon einer mit Titan und vier mit Niob stabilisiert, gelangten im abgeschreckten Gußzustand (4 h 1050° C/Wasser) zur Untersuchung. Es ergab sich, daß die Festigkeitswerte niedriger lagen als die üblicherweise bei warmgeformtem Stahl zu erwartenden, wobei der Guß bei tiefen Temperaturen aber noch gute Zähigkeitswerte aufwies. Die Kerbschlagzähigkeit lag um so höher, je niedriger der Kohlenstoffgehalt war.

Bisher lagen noch keine Unterlagen vor über die mechanischen Eigenschaften von austenitischem Chromnickelstahl als Stahlguß und als Walzstahl *aus der gleichen Charge*, so daß die mechanischen Eigenschaften unmittelbar miteinander verglichen werden können, ohne daß Unterschiede in der chemischen Zusammensetzung und in der Erschmelzungsart das Ergebnis beeinträchtigen. Diese Untersuchungen wurden an je einem mit Titan und Niob + Tantal stabilisierten Stahl im Eisen-Forschungsinstitut durchgeführt [30]. Von beiden Stählen wurde im 500 kp-Lichtbogenofen eine Charge erschmolzen. Die chemische Zusammensetzung betrug:

Stahl Nr.	Bezeichnung	C %	Si %	Mn %	Cr %	Ni %	Ti %	Nb %	Ta %
12	X 10 Cr Ni Ti 18.12	0,08	0,73	3,04	18,1	13,1	0,59	—	—
13	X 10 Cr Ni Nb 18.10	0,08	0,70	2,57	18,3	10,8	—	1,02	0,47

Jede Charge wurde zu 2 Brammen von 250 kp der Abmessung 300×160×740 mm abgegossen. Eine der Brammen jeder Schmelze wurde zu 15 mm-Blech ausgewalzt mit einem Verformungsgrad von 11. Die andere Bramme wurde im Gußzustand untersucht, wobei die Proben vorzugsweise aus dem Filetstück herausgearbeitet wurden.

Das Gefüge des Stahles Nr. 12 im Gußzustand bestand aus Austenit mit einem mehr oder weniger dicken und zusammenhängenden Karbidnetzwerk an den Korngrenzen (Abb. 19). δ-Ferrit war infolge des verhältnismäßig hohen Nickel- und Mangangehaltes nicht vorhanden. Stahl Nr. 13 bestand im Gußzustand aus Austenitkristallen mit 2,8% δ-Ferrit und Karbiden an den Korngrenzen (Abb. 20).

Die aus je 3 Zerreiß- und 5 Kerbschlagproben erhaltenen Werte für den Gußzustand und für den warmgewalzten Zustand nach verschiedenen Wärmebehandlungen sind in Tabelle 15 für den titanstabilisierten Stahl und in Tabelle 16 für den niobstabilisierten Stahl zusammengestellt.

TABELLE 15

Festigkeits- und Kerbschlagzähigkeitswerte von Stahl X 10 Cr Ni Ti 18.12 im Walzzustand und im Gußzustand

a) Walzzustand (15 mm-Blech)

Behandlung	Temp. °C	σ_S kp/mm²	σ_B kp/mm²	δ_5 %	ψ %	a_K mkp/cm²
Walzzustand	+ 20	25	58	55	65	17,7
	—180	44	116	52	55	13,0
1100° C/Wasser	+ 20	25	56	56	69	20,9
	—180	44	118	59	60	17,2
1100° C/Wasser + 24h 800° C/Luft	+ 20	27	57	52	68	17,5
	—180	48	115	55	56	14,3

b) Gußzustand (300 × 160 × 740 mm)

Behandlung	Temp. °C	σ_S kp/mm²	σ_B kp/mm²	δ_5 %	ψ %	a_K mkp/cm²
Gußzustand	+ 20	15	43	55	52	8,7
	—180	34	52	15	30	3,5
1100° C/Wasser	+ 20	18	41	42	46	9,8
	—180	24	66	23	18	6,1
1100° C/Wasser	+ 20	18	45	49	51	8,2
+24 h 800° C/Luft	—180	23	67	16	15	4,8

TABELLE 16

Festigkeits- und Kerbschlagzähigkeitswerte von Stahl X 10 Cr Ni Nb 18.10 im Walzzustand und im Gußzustand

a) Walzzustand (15 mm-Blech)

Behandlung	Temp. °C	σ_S kp/mm²	σ_B kp/mm²	δ_5 %	ψ %	a_K mkp/cm²
Walzzustand	+ 20	45	67	39	54	8,8
	—180	47	134	44	44	8,7
1100° C/Wasser	+ 20	25	59	55	61	15,3
	—180	45	128	47	49	14,6
1100° C/Wasser	+ 20	28	62	50	54	10,5
+24 h 800° C/Luft	—180	48	126	43	32	9,8

b) Gußzustand (300 × 160 × 740 mm)

Behandlung	Temp. °C	σ_S kp/mm²	σ_B kp/mm²	δ_5 %	ψ %	a_K mkp/cm²
Gußzustand	+ 20	18	45	32	33	5,0
	—180	36	69	5	10	2,8
1100° C/Wasser	+ 20	19	45	42	42	7,4
	—180	18	83	18	18	4,5
1100° C/Wasser	+ 20	21	49	35	33	3,0
+24 h 800° C/Luft	—180	19	68	9	10	1,7

Aus den Tabellen 15 und 16 geht hervor, daß beide Stähle sich qualitativ gleich verhalten. Bei den Festigkeitswerten ergibt sich zunächst eine geringere Streckgrenze und Zugfestigkeit der Gußproben gegenüber dem Walzstahl. Die Dehnungswerte der Gußproben waren noch durchaus befriedigend, während die Werte für die Einschnürung bei den bei —180° C gerissenen Proben im allgemeinen sehr niedrig lagen. Wesentlich war der Befund, daß die Festigkeitssteigerung des Stahlgusses beim Absinken der Prüftemperatur von +20 auf —180° C bedeutend geringer war als bei Walzstahl.

Ob die Verfestigungsfähigkeit von austenitischem Chromnickel-Stahlguß bei tiefen Temperaturen tatsächlich um so viel niedriger liegt als bei Walzstahl, muß jedoch bezweifelt werden. Die geringen Dehnungs- und Einschnürungswerte der bei —180° C geprüften Stäbe aus dem Gußstahl sowie vereinzelte „Ausreißer" nach wesentlich höheren Festigkeiten mit gleichzeitiger guter Dehnung und Einschnürung lassen darauf schließen, daß bei tiefen Temperaturen das Gußkorn durch Martensitbildung sich ähnlich stark verfestigt wie das Korn von gewalztem Stahl, daß aber ein vorzeitiges Reißen an den durch Karbid- und δ-Ferritnetz spröden und wenig verformungsfähigen Korngrenzen erfolgt.

Die Kerbschlagzähigkeit der gegossenen Stähle lag ganz erheblich niedriger als die der gewalzten Stähle. Ähnlich wie bei Walzstahl zeigten auch bei Gußstahl die von 1100° C abgeschreckten Proben die beste Kerbschlagzähigkeit. Durch Anlassen bei 800° C sank a_K noch etwas ab. Dies ist bei dem titanstabilisierten Stahl auf Karbidausscheidungen, bei dem niobstabilisierten Stahl auf Zerfall von δ-Ferrit in σ-Phase zurückzuführen.

Es wurde versucht, die Zähigkeit der gegossenen Stähle durch Anlaßbehandlungen zwischen 500 und 1000° C sowie durch Homogenisierungsglühungen von 50 Stunden Dauer bei 1150° C zu verbessern. Alle diese Versuche hatten jedoch keinen durchgreifenden Erfolg.

Zusammenfassend kann aber festgestellt werden, daß austenitischer Chromnickel-Stahlguß zwar schlechtere mechanische Eigenschaften bei +20 und —180° C aufweist als gewalzter oder geschmiedeter Stahl, daß aber sowohl die Festigkeits- als auch die Zähigkeitswerte ausreichen, um seinen Einsatz bei Temperaturen um —180° C zu ermöglichen. Bei den durchgeführten Versuchen ist noch die große Wanddicke der untersuchten Gußbrammen von 160 mm zu berücksichtigen. Es ist deshalb zu erwarten, daß sich die mechanischen Eigenschaften des Gusses in gewissen Grenzen ändern und verbessern werden, wenn bei dünnwandigerem Guß infolge der schnelleren Abkühlung ein feineres Gußkorn und eine gleichmäßigere Karbidverteilung erhalten wird. Auch durch eine Modifizierung der chemischen Zusammensetzung wird sich voraussichtlich noch eine Verbesserung ergeben können. Dabei dürfte den titanstabilisierten Stählen infolge ihrer höheren Grundzähigkeit der Vorzug gegenüber den etwas spröderen niobstabilisierten Stählen zu geben sein.

5. Mechanische Eigenschaften von austenitischen Schweißverbindungen bei + 20 °C und —180 °C

In der modernen Fertigungstechnik spielt das Schweißen eine ausschlaggebende Rolle. Beim Einsatz von Stählen in irgendeinem Gebiet der Technik steht deshalb die Frage der Schweißbarkeit sowie die Prüfung der Schweißverbindungen mit im Vordergrund. Um so bemerkenswerter ist die Feststellung, daß bis vor etwa 10 Jahren praktisch keine Angaben über die Prüfung von geschweißten Stählen bei sehr tiefen Temperaturen im Schrifttum vorlagen. Noch 1951 schrieben Erkner und Thum [40]: „Umfassende Untersuchungen über den Einfluß tiefer Temperaturen auf die Festigkeit von Schweißverbindungen sind bisher nicht bekannt geworden". In den letzten Jahren sind aber eine größere Anzahl Arbeiten veröffentlicht worden, die sich mit diesem Fragenkomplex befassen.

Henke [23] untersuchte die Kerbschlagzähigkeit von 5 Typen austenitischem rostfreien Stahl im geschweißten Zustand bei +20° und —196° C. Die Schweißungen wurden ebenfalls mit austenitischem rostfreien Stahl durchgeführt. Mit der Charpy-Schlüssellochprobe bestimmt hatten die Schweißen bei Raumtemperatur eine (auf DVM-Probe umgerechnete) Kerbschlagzähigkeit von rd. 4 bis 7 mkp/cm² und bei —196° C eine solche von 3 bis 4 mkp/cm². Diese Werte werden als befriedigend angesprochen. Von Krivobok und Thomas Jr. [41] wurde die Kerbschlagzähigkeit von 15 geschweißten austenitischen Chromnickelstählen bei —78° C und —196° C bestimmt. Die Schweißen wurden z. T. im geglühten und abgeschreckten Zustand untersucht. Thielsch [28] gab eine allgemeine Übersicht über die Struktur und die Eigenschaften von Schweißverbindungen austenitischer Stähle. Bennett [2] berichtete u. a. über die Prüfung von Schweißnähten und

Schweißen an Druckbehältern für tiefe Temperaturen nach dem A.S.M.E. code, § U - 68, Section VIII. HEUSCHKEL [42], [43] untersuchte die Festigkeitswerte von geschweißten Kohlenstoffstahl-Lichtbogenelektroden im Temperaturbereich von —189 bis +760° C. Von HUMMITZSCH und KILLING [44] sowie von HUMMITZSCH [45] wurden Untersuchungen über geeignete Kerbschlagproben zur Ermittlung der beginnenden Versprödung von Stahl und Schweiße bei sinkender Temperatur durchgeführt. Es wurde das Verhalten der Nähte an Feinkornstählen bis zu Temperaturen von —60° C beschrieben. Schließlich wurden Schweißen für 4 verschiedene kaltzähe Stähle (10 Mn Al 4; 12 Ni 19; X 40 Mn Cr 18; X 10 Cr Ni Ti 18.9) im Temperaturbereich von +20 bis —195° C untersucht und Angaben über die geeigneten Zusatzwerkstoffe gemacht. MUNDT [22] machte Angaben über Verbindungsschweißen an Blechen aus Stahl X 10 Cr Ni Ti 18.9. Es wurden 7 verschiedene Elektroden für Lichtbogenschweißungen aus austenitischen Chromnickelstählen bei —180° C auf Kerbschlagzähigkeit mit dem in Tabelle 17 wiedergegebenen Resultat geprüft.

TABELLE 17

Kerbschlagzähigkeit austenitischer Schweißungen bei —180° C

(Lichtbogenhandschweißung von Blech aus Stahl X 10 Cr Ni Ti 18.9) nach J. MUNDT [22]

Richtanalyse des Schweißgutes in %							a_K (mkp/cm²) (Mittelwerte)
C	Cr	Ni	Mo	Nb	Mn	Sonst.	
< 0,06	18,0 20,0	8,5 10,5	—	—	< 1,5	—	~ 6
< 0,10	18,0 20,0	8,0 10,0	—	> 12 X % C	< 1,5	—	< 3
< 0,06	18,0 20,0	9,0 11,0	2,0	—	< 1,5	—	~ 4
< 0,10	17,5 19,5	19,0 21,0	2,0 2,5	> 12 X % C	< 1,5	1,8—2,2 Cu	~ 6
0,10 0,20	17,0 19,0	8,0 9,0	—	—	5,5 6,5	—	< 3
< 0,12	~ 17,0	~ 17,0	~ 1,8	> 10 X % C	—	—	~ 5
< 0,15	24,0 26,0	19,0 21,0	—	—	< 2,5	1,8—2,3 Si	> 7

Weitere Angaben über das Verhalten speziell von geschweißten Blechen und Rohren aus kaltzähem 9%igen Nickelstahl bei tiefen Temperaturen sind in den bereits angeführten Arbeiten [18], [11], [16], [6] sowie in einer Arbeit von ARMSTRONG, GROSS und BRIEN [46] enthalten.

Im allgemeinen liegt die Kerbschlagzähigkeit der austenitischen Schweißen in der gleichen Größenordnung wie die von austenitischem Chromnickel-Stahlguß. Durch Änderungen der chemischen Zusammensetzung läßt sich die Kerbschlagzähigkeit der Schweißen stärker beeinflussen als durch Wärmebehandlungen. So wirkt besonders ein niedriger Kohlenstoffgehalt und ein höherer Nickelgehalt zähigkeitserhöhend. Ob und in welchem Maße die Sprödigkeit der Schweißen durch δ-Ferrit gesteigert wird, ist noch nicht eindeutig geklärt. Üblicherweise liegt die mittlere Kerbschlagzähigkeit der austenitischen Chromnickelstahl-Schweißen bei —180° C, jedoch oberhalb von 3 mkp/cm², so daß die Minimalforderung erfüllt ist.

Um eigene Erfahrungen an Schweißen von hochlegierten kaltzähen Stählen, die mit Elektroden aus der DDR-Fertigung hergestellt worden waren, zu sammeln, die DDR-Elektroden mit westdeutschen Typen zu vergleichen und den Einfluß einiger Wärmebehandlungen nachzuprüfen, wurden im VEB Elektrodenwerk Berlin-Oberschöneweide Probeschweißungen an Blechen von 15 mm Dicke bei einer Schweißnahtlänge von 350 bis 400 mm durchgeführt. Die Bleche wurden quer zur Walzrichtung geschnitten, von Hand mit einer 60°-V-Naht versehen und mit Preßmantel-Elektroden mit kalkbasischer Hülle geschweißt. Die verwendeten Elektrodentypen und Schweißgutanalysen sind in Tabelle 18 zusammengestellt.

Tabelle 18

Schweißgutanalysen der untersuchten Elektroden

Bezeichnung	Hersteller	C %	Si %	Mn %	Cr %	Ni %	Sonst. %
19/9 Nb	EWB*)	0,10	1,09	1,56	17,93	9,75	1,35 Nb + Ta
19/10 Nb	EWB	< 0,10	—	—	~19	~10	~1 Nb + Ta
18/8 Mn 6	EWB	< 0,15	—	~6	~18	~8	—
Thermanit I	DEW**)	0,03	0,96	0,69	19,20	9,70	—
Thermanit H	DEW	0,08	1,94	0,59	18,22	9,47	0,19 Nb + Ta
Fox FFB	DEW	0,19	0,55	1,80	25,16	20,36	—

*) EWB = Elektrodenwerk Berlin
**) DEW = Deutsche Edelstahlwerke

Die Prüfung der mechanischen Eigenschaften der Schweißverbindungen wurde bei Raumtemperatur (+20° C) und in flüssiger Luft (—180° C) durchgeführt. Die Zerreißproben hatten einen rechteckigen Querschnitt von 7 mm Breite × Blechdicke und 40 mm Länge. Der Schlüssellochkerb der Kerbschlagproben lag in der wurzelseitigen Schweißnaht. In Tabelle 19 ist zunächst das Ergebnis der Kerbschlagprüfungen wiedergegeben. Die besten Werte ergab die Elektrode Thermanit I mit nur 0,03% Kohlenstoff, die nach Wasserabschreckung von 1100° C bei —180° C eine Kerbschlagzähigkeit von 14,7 mkp/cm² aufwies. Die anderen austenitischen Chromnickelelektroden ergaben Werte zwischen 3,5 und 7 mkp/cm² bei —180° C in Übereinstimmung mit den Angaben von Mundt [22].

Tabelle 19

Kerbschlagzähigkeitswerte von austenitischen Schweißen

Blechwerkstoff	Elektrode	Behandlung	Temp. °C	Kerbschlagzähigkeit mkp/cm² Einzelwerte	Mittelw.
X 10 CrNiTi 18.9	19/9 Nb	Schweißzustand	+ 20	9,2; 9,2; 10,0; 10,5	9,8
			—180	3,1; 4,9; 5,3; 5,8	4,8
X 10 CrNiNb 18.9	19/9 Nb	Schweißzustand	+ 20	7,8; 8,7; 9,5	8,7
			—180	3,5; 3,8; 4,1	3,8
X 10 CrNiTi 18.12	19/10 Nb	Schweißzustand	+ 20	10,6; 9,4; 9,4; 8,5; 9,9	9 6
			—180	4,7; 2,9; 3,8; 5,7; 4,7	4,4
		1100° C/Wasser	+ 20	10,1; 8,0; 7,9; 9,7; 10,5	9,2
			—180	6,0; 5,1; 6,0; 5,4; 5,8	5,7
		1100° C/Wasser +48 h 800°C/Luft	+ 20	6,1; 7,4; 8,3; 7,6; 7,3	7,3
			—180	5,4; 2,5; 5,7; 3,7; 3,0	4,1

Blechwerkstatt	Elektrode	Behandlung	Temp. °C	Kerbschlagzahigkeit mkp/cm² Einzelwerte	Mittelw.
X 10 CrNiTi 18.12	Thermanit I	1100° C/Wasser	+ 20	16,4; 16,6; 17,5; 15,8; 21,3	17,5
			—180	14,8; 17,1; 14,5; 14,9; 12,3	14,7
	18/8Mn 6	1100° C/Wasser	+ 20	14,7; 15,8; 14,2; 15,3; 14,7	14,9
			—180	6,8; 4,8; 5,4; 2,8; 5,2	5,0
X10CrNiNb18.10	19/10 Nb	Schweißzustand	+ 20	8,6; 6,1; 8,7; 7,8; 8,6	8,0
			—180	5,4; 4,6; 3,8; 4,2; 4,7	4,5
		1100° C/Wasser	+ 20	10,8; 10,4; 10,0; 11,4; 12,1	10,9
			—180	5,1; 3,6; 5,6; 6,4; 7,6	5,7
		1100° C/Wasser +48h800°C/Luft	+ 20	10,7; 9,3; 8,9; 9,1	9,5
			—180	8,5; 4,6; 5,1; 7,7; 7,8	6,7
	Thermanit H	1100° C/Wasser	+ 20	9,5; 7,9; 8,5; 8,6; 8,2	8,5
			—180	5,9; 4,6; 4,3; 5,6; 5,2	5,1
X10CrNiNb18.10	18/8 Mn 6	1100° C/Wasser	+ 20	11,4; 12,6; 13,7; 15,1; 14,6	13,5
			—180	8,9; 9,6; 7,4; 7,7; 6,1	7,9
X8MnNi18.5	18/8 Mn 6	Schweißzustand	+ 20	8,2; 13,7; 13,3; 12,3; 12,1	11,9
			—180	2,5; 2,6; 2,5; 2,8; 2,9	2,7
		1050° C/Wasser	+ 20	14,5; 15,1; 13,7; 12,9; 15,5	14,3
			—180	9,7; 9,2; 6,6; 9,0; 9,0	8,7
X8Ni13	Fox FFB	950° C/Luft +750°/Ofen +2 h 560°C/Luft	+ 20	8,5; 8.7; 8,5; 8,6; 8,5	8,6
			—180	3,5; 3,3; 3,8; 3,7; 3,8	3,6

Die manganhaltige Elektrode 18/8 Mn 6 bringt nach Wasserabschreckung von 1050° C ebenfalls bei —180° C gute Kerbschlagzähigkeitswerte. Im nur geschweißten, wärmeunbehandelten Zustand lag die Kerbschlagzähigkeit unterhalb 3, jedoch oberhalb 2,5 mkp/cm², so daß notfalls auch bei dieser Elektrode auf ein Abschrecken verzichtet werden kann. In Tabelle 20 sind noch Ergebnisse einiger ergänzender Zerreißversuche von Schweißverbindungen angeführt. Danach sind mit der 19/9 Nb-Elektrode, die nach dem Schweißen ein austenitisches Gefüge mit 1 bis 3% δ-Ferrit ergibt (Abb. 21), bei —180° C Festigkeitswerte von etwa 70 kp/mm² und darüber zu erwarten, während die vollaustenitische Elektrode Fox FFB entsprechend 25 Cr—20 Ni Festigkeitswerte von über 90 kp/mm² liefert. Diese Festigkeitswerte entsprechen nicht der Festigkeit des Walzstahles, sondern der Festigkeit von gegossenem Stahl. Dies wird auch dadurch belegt, daß die Brüche der Zerreißproben stets irgendwie in Verbindung mit der Schweißnaht stehen (Abb. 22): Entweder nimmt der Bruch seinen Ausgang von der Schweißflanke (Stab *a*) oder von der Schweißnaht selbst (Stäbe *b* und *c*).

Bei tiefen Temperaturen stellt die Schweißnaht eine wesentlichere Schwächung dar als bei höheren Temperaturen.

Zur Nachprüfung, wie sich das Schweißen auf den der Schweiße benachbarten Grundwerkstoff auswirkt, wurden DVM-Kerbschlagproben so gelegt, daß der Schlüsselkerb

Tabelle 20

Festigkeitswerte von austenitischen Schweißverbindungen

Blechwerkstoff	Elektrode	Behandlung	Temp. °C	σ_S kp/mm²	σ_B kp/mm²
X 10 CrNiTi 18.9	19/9 Nb	Schweißzustand	+ 20 — 180	50,8; 48,4 66,4	70,0; 69,7 72,4
X 10 CrNiNb 18.9	19/9 Nb	Schweißzustand	+ 20 — 180	41,0; 37,5 65,5	66,2; 59,1 88,3
X 10 CrNiNb 18.10	18/8 Mn 6	1100° C/Wasser	+ 20 — 180	34,3; 34,9 57,7; 59,9	60,5; 60,8 91,5; 106,7
	Thermanit H	1100° C/Wasser	+ 20 — 180	30,3; 37,8 50,1; 53,2	61,3; 60,5 102,8; 100,9
	19/10 Nb	Schweißzustand	+ 20 — 180	47,7; 49,7 59,3; 65,1	65,2; 65,6 83,8; 98,9
		1100° C/Wasser	+ 20 — 180	31,5; 34,1 53,9; 57,4	60,4; 61,9 72,7; 102,0
		1100° C/Wasser + 50 h 800° C/Luft	+ 20 — 180	30,1; 31,8 49,8; 52,3	58,0; 58,2 71,9; 88,8
X 10 CrNiTi 18.12	18/8 Mn 6	1100° C/Wasser	+ 20 — 180	32,0; 32,2 51,7; 54,7	55,3; 56,8 85,3; 89,9
	Thermanit J	1100° C/Wasser	+ 20 — 180	31,2; 31,4 49,0; 53,2	54,2; 55,5 82,6; 103,8
	19/10 Nb	Schweißzustand	+ 20 — 180	36,9; 36,9 62,3; 62,5	58,4; 59,1 82,9; 90,9
		1100° C/Wasser	+ 20 — 180	31,0; 31,3 51,2; 55,9	54,6; 55,6 93,5; 103,9
		1100° C/Wasser + 50 h 800° C/Luft	+ 20 — 180	31,0; 32,6 48,2; 51,3	55,7; 56,8 81,7; 82,1
X 8 Ni 13	Fox FFB	950° C/Luft + 750° C/Ofen + 2 h 560° C/Luft	+ 20 — 180	54,8; 57,8 76,4; 86,2	61,6; 73,9 92,1; 105,3
X 8 MnNi 18.5	18/8 Mn 6	Schweißzustand	+ 20 — 180	33,4; 36,2 53,7; 55,6	46,3; 59,9 71,6; 74,8
		1050° C/Wasser	+ 20 — 180	28,9; 29,6 50,1; 52,0	61,7; 65,0 65,6; 65,9

einmal in der Naht selbst, dann im Übergang Schweiße-Grundwerkstoff und schließlich 10 mm vom Übergang entfernt im Grundwerkstoff lag. Das verschweißte Blech bestand aus Stahl X 10 Cr Ni Ti 18.9, die Elektrode aus 19/9 Nb. Das Ergebnis dieser Prüfungen ist in Tabelle 21 wiedergegeben und zeigt, daß die Schweiße selbst und nicht etwa die Übergangszone der sprödste Bereich der Schweißverbindung darstellt.

TABELLE 21

Kerbschlagzähigkeitswerte einer austenitischen Schweißverbindung

Lage der Probe	Temp. °C	a_K mkp/cm²	Bemerkung
Kerb in der Naht	+ 20	9,2; 9,2; 10,0; 10,5	Verformungsbruch
	—180	3,1; 4,9; 5,3; 5,8	Spröder transkristalliner Bruch
Kerb im Übergang · Blech/Schweiße	+ 20	12,1; 12,6; 14,2; 16,6	Verformungsbruch
	—180	4,5; 5,0; 9,5; 9,6	Spröder transkristalliner Bruch
Kerb 10 mm vom Übergang im Blech	+ 20	22,8; 24,0; 24,4; 25,1	Verformungsbruch
	—180	22,2; 24,5; 25,1; 29,5	Bruch zur Schweiße abgelenkt

Zusammenfassend ist festzustellen, daß das Schweißen der kaltzähen hochlegierten Stähle mit den in der DDR zur Verfügung stehenden hochlegierten austenitischen bzw. austenitisch-ferritischen Elektrodentypen 19/9 Nb, 19/10 Nb, 25/20 und auch, mit gewissen Einschränkungen, mit 18/8 Mn 6 durchaus mit befriedigendem Erfolg möglich ist. Es werden Kerbschlagzähigkeiten von über 3 mkp/cm² bei —180° C erhalten, womit die Minimalforderung erfüllt ist. Zu berücksichtigen ist dabei die Tatsache, daß eine Schweißstelle bei —180° C eine größere Schwächung der Konstruktion darstellt als bei höheren Temperaturen. Für die Praxis dürfte dies jedoch von nicht allzu großer Bedeutung sein, wie aus dem geschilderten Großversuch [11] und dem Betriebsschadenfall [22] zu ersehen ist.

6. Einfluß von δ-Ferrit auf die mechanischen Eigenschaften bei +20 °C und —180 °C

In der Praxis taucht immer wieder die Frage nach dem Einfluß des δ-Ferritgehaltes auf die mechanischen Eigenschaften und besonders auch auf die Kerbschlagzähigkeit bei tiefen Temperaturen auf. Von der Voraussetzung ausgehend, daß alle ferritischen Stähle bei Temperaturen um —180° C sehr spröde sind und diese Sprödigkeit mithin der kubischraumzentrierten α- bzw. δ-Ferritphase zukommt, wird häufig angenommen, daß bereits geringe Mengen an δ-Ferrit im Austenit genügen, um den ganzen Stahl ernsthaft zu verspröden. Die Literaturangaben sind in dieser Hinsicht spärlich und auch widerspruchsvoll. Nach KRIVOBOK [26] soll die Kerbschlagzähigkeit von warmgeformtem Stahl bei tiefen Temperaturen durch die Anwesenheit von δ-Ferrit ungünstig beeinflußt werden. Andererseits hat nach Angaben von JUPPENLATZ [38] das Austenit- zu δ-Ferrit-Verhältnis weder bei Raumtemperatur noch bei tiefen Temperaturen einen Einfluß auf die Kerbschlagzähigkeit von austenitischem Chromnickel-Stahlguß. Von SCHUMANN [29] wurde vermutet, daß die erhaltenen geringen Kerbschlagzähigkeitswerte bei —180° C bei Stählen vom Typ X 12 Mn Cr Ti 16.11 auf den δ-Ferritgehalt zurückzuführen sein könnten. Ein derartiger Stahl mit 0,51% Titan und 5% δ-Ferrit hatte im warmgepreßten Zustand bei —180° C eine DVM-Kerbschlagzähigkeit von im Mittel 3,1 mkp/cm², während ein Stahl sonst gleicher Zusammensetzung, aber mit 1,08% Titan und 10% δ-Ferrit die geringere Kerbschlagzähigkeit von 1,6 mkp/cm² aufwies.

Zur Nachprüfung dieser Frage wurde zunächst versucht, das Mengenverhältnis von Austenit zu δ-Ferrit bei einem vorgegebenen Stahl durch Abschrecken von Temperaturen zwischen 1000 und 1300° C in Wasser zu verändern. Diese Versuche verliefen aber ergebnislos, da bei den Temperaturen, bei denen sich größere Mengen an δ-Ferrit bildeten, gleichzeitig ein starkes Kornwachstum auftrat, und ein grobes Korn bekanntlich ebenfalls eine Stahlversprödung bewirkt.

Abb. 21.
Feingefüge der verschweißten Elektrode 19/9 Nb.
Decklage. Austenit mit netzförmigem δ-Ferrit.
Ätzung: Salzpikrinsäure. 500 : 1

a

b

c

Abb. 22. Bei —180°C zerrissene Stäbe von Stahl X 8 Ni 13, geschweißt mit der Elektrode Fox FFB (25 Cr—20 Ni). 1 : 1

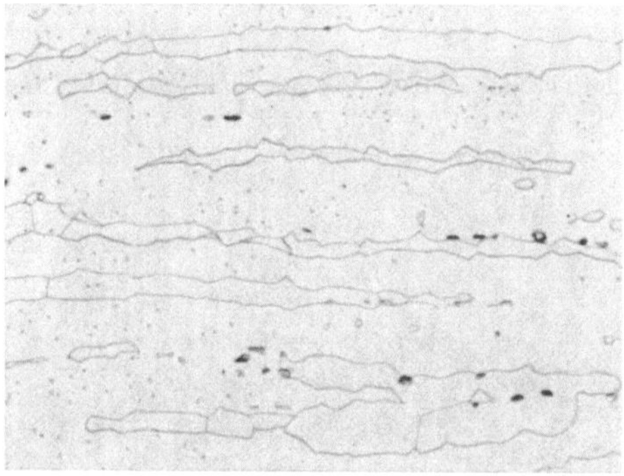

Abb. 23. Feingefüge von Stahl X 10 Cr Ni W V Ta 18.9.
Wärmebehandlung: 1100° C/Wasserabschreckung.
Austenit mit 18% δ-Ferrit. 500 : 1. Ätzung: Königswasser

Es wurde deshalb so vorgegangen, daß die 5 untersuchten Chromnickelstähle unterschiedlicher chemischer Zusammensetzung durch Abschrecken von 1100° C in Wasser gleichartig wärmebehandelt wurden. Es ergaben sich dabei δ-Ferritgehalte zwischen 0 und 3,3%. Um einen Stahl mit einem extrem hohen δ-Ferritanteil im Gefüge mit erfassen zu können, wurde außerdem noch ein warmfester austenitisch-ferritischer Stahl X 10 Cr Ni W V Ta 18.9 nachstehender chemischer Zusammensetzung in die Untersuchung einbezogen:

Stahl Nr.	Bezeichnung	C %	Si %	Mn %	Cr %	Ni %	W %	V %	Nb %	Ta %
14	X10CrNiWVTa18.9	0,11	0,54	0,34	18,9	10,2	1,92	1,0	0,85	0,39

Nach dem Abschrecken von 1100° C in Wasser enthielt dieser Stahl 18% δ-Ferrit (Abb. 23). Die erstgenannten 5 Stähle lagen dabei in Form gewalzter Bleche von 15 mm Dicke, Stahl Nr. 14 als Schmiedestab von 32 mm ⌀ vor.

In Abhängigkeit vom δ-Ferritgehalt wurden bei +20° C und bei —180° C die in Tabelle 22 zusammengestellten Festigkeits- und DVM-Kerbschlagzähigkeitswerte erhalten. Auf Grund dieser Zahlen ist es schwer, dem δ-Ferrit einen bedeutenden Einfluß auf die Festigkeits- bzw. Zähigkeitseigenschaften zuzuschreiben. Der Stahl X 10 Cr Ni Ti 18.12 mit 0% δ-Ferrit hatte bei —180° C eine DVM-Kerbschlagzähigkeit von 17,2 mkp/cm². Der Stahl X 10 Cr Ni W V Ta 18.9 mit 18% δ-Ferrit wies bei —180° C eine DVM-Kerbschlagzähigkeit von immerhin 14,6 mkp/cm² auf und lag damit günstiger als beispielsweise der Stahl X 10 Cr Ni Nb 18.10 mit nur 1% δ-Ferrit im Gefüge.

TABELLE 22

Einfluß von δ-Ferrit auf die mechanischen Eigenschaften von warmgeformten austenitischen Chromnickelstählen

(Wärmebehandlung: 1100° C/Wasser)

δ-Ferritgehalt %	Stahlmarke	Prüftemperatur °C	σ_S kp/mm²	σ_B kp/mm²	δ_5 %	ψ %	a_K mkp/cm²
0	X10CrNiTi18.12	+ 20	25,4	55,7	55,5	68,7	20,9
		—180	44,2	118,0	59,3	59,6	17,2
0,5	X12CrNi18.8	+ 20	28,4	61,8	60,0	72,0	24,7
		—180	56,0	146,4	47,1	54,4	23,1
1,0	X10CrNiTi18.9	+ 20	28,1	63,1	60,3	72,8	27,1
		—180	46,9	160,8	35,7	52,3	23,9
1,0	X10CrNiNb18.10	+ 20	25,2	59,4	54,8	60,7	15,3
		—180	45,0	127,8	47,3	48.8	14,6
3,3	X10CrNiNb18.9	+ 20	28,4	60,5	53,6	66,4	16,8
		—180	50,0	153,6	34,6	45,9	15,7
18,0	X10CrNiWVTa18.9	+ 20	33,4	61,3	46,3	70,1	22,5
		—180	56,6	135,9	43,4	52,2	14,6

Es hat demnach den Anschein, als ob die Stahlzusammensetzung, die Erschmelzung und die Warmformgebung auf die mechanischen Eigenschaften bei tiefen Temperaturen stärker einwirken als ein wechselnder Anteil von δ-Ferrit im Feingefüge. Dies wird auch durch die Tatsache nahegelegt, daß die beiden Stähle X 10 Cr Ni Ti 18.9 und X 10 Cr Ni Nb 18.10 mit dem gleichen Gehalt an δ-Ferrit von 1,0% doch sehr unterschiedliche mechanische Werte ergaben. Auf jeden Fall ist durch die Versuche nachgewiesen worden, daß der in den üblichen Grenzen bis zu etwa 5% liegende δ-Ferritgehalt der warmgeformten stabilisierten austenitischen Chromnickelstähle zu keinen Bedenken hinsichtlich der Zähigkeitseigenschaften bei tiefen Temperaturen Veranlassung gibt.

7. Zusammenfassung

Der vorstehende zusammenfassende Bericht behandelt die Ergebnisse von Arbeiten über Stähle bei tiefen Temperaturen, die in den Jahren ab 1956 auf Anregung des damaligen Institutsdirektors, Prof. em.Dr.-Ing. habil. Dr.-Ing. e. h. ED. MAURER, im Eisen-Forschungsinstitut Henningsdorf durchgeführt wurden. Das Ziel der Arbeiten, die noch weiter fortgesetzt werden, bestand darin, den Weltstand auf diesem Gebiet durch Auswertung des Fachschrifttums zu ermitteln, eigene Erfahrungen an Stählen zu sammeln, die für den Einsatz bei sehr tiefen Temperaturen in den Werken der DDR bisher noch nicht hergestellt und erprobt worden sind, und schließlich Stähle anzugeben, die wirtschaftlicher sind als das in der Kälte- und Chemischen Technik heute noch vielfach verwendete Buntmetall Kupfer.

Die Auswertung des Fachschrifttums ergab die wichtige Tatsache, daß im Ausland bei Werkstoffen für die Tieftemperaturtechnik Mindestforderungen an die Kerbschlagzähigkeit bei der tiefsten Verwendungstemperatur gestellt werden. Die sowohl für den Grundwerkstoff als auch für die Schweißverbindungen geforderten Mindestkerbschlagzähigkeiten liegen zwischen 2,5 und 3,0 mkp/cm². Dies bedeutet, daß im Ausland für Temperaturen von etwa —180° C (flüssige Luft, flüssiger Sauerstoff und Stickstoff) unlegierte Stähle vom Typ Ck 15 Al nicht mehr eingesetzt werden dürfen. In der DDR bestehen in dieser Hinsicht zur Zeit noch keine gesetzlichen Vorschriften, wodurch häufig Unsicherheiten bei den Werken und auch bei den amtlichen Stellen der Technischen Überwachung auftreten. Es ist deshalb notwendig, daß auch in der DDR eindeutige Vorschriften über die an Werkstoffe der Tieftemperaturtechnik zu stellenden Forderungen umgehend erarbeitet werden.

Stähle, die die Mindestkerbschlagzähigkeit bei —180° C von 3 mkp/cm² auch ohne Wasserablöschung von hohen Temperaturen erreichen und übertreffen, und die in der DDR hergestellt werden können, sind nach Schrifttumsangaben sowie nach eigenen Untersuchungen die stabilisierten, austenitischen rostbeständigen Chromnickelstähle vom Typ X 10 Cr Ni Ti 18.9 und X 10 Cr Ni Nb 18.9 sowie die martensitischen Nickelstähle vom Typ X 10 Ni 9 und X 10 Ni 13. Diese mit Elektroden der DDR-Fertigung, wie z. B. 19/9 Nb und 19/10 Nb, gut schweißbaren Stähle ermöglichen es durchaus, das Buntmetall Kupfer vollwertig und wirtschaftlich zum großen Teil in der Kältetechnik auszutauschen. Ein weiterer Vorteil besteht in der höheren Zugfestigkeit bzw. Streckgrenze der Stähle gegenüber Kupfer, woraus sich die Möglichkeit einer leichteren Bauweise ergibt. Auch im gegossenen Zustand haben die genannten Stähle ausreichende Zähigkeitseigenschaften bei —180° C. Die Herstellung von hochlegierten austenitischen Mangan- und Manganchromstählen stößt zur Zeit in der DDR aus patentrechtlichen und auch aus legierungstechnischen Gründen auf gewisse Schwierigkeiten. Es sind jedoch Untersuchungen angesetzt, um nickelärmere kaltzähe Stähle auf Manganbasis zu entwickeln.

8. Literaturverzeichnis

[1] SCHNADT, H.-M., Neue Prüfmethoden an Stählen und Schweißwerkstoffen für große Schweißkonstruktionen. Eisenberger Schweißnachrichten **3** (1957) **4**, S. 5—87.

[2] BENNETT, R. W., Welding for Low Temperature Service. Metal Progress **63** (1953) 190, 192, 194—196.

[3] THUM, E. E., Bigger, Better and Sounder Forgings. Metal Progress **69** (1959) 103—108, 121—126.

[4] Schriftliche Mitteilung der Vereinigung der Technischen Überwachungsvereine e. V., Essen, aus dem Jahre 1958.

[5] WIESTER, H. J., Stähle zur Verwendung bei tiefen Temperaturen und ihre Prüfung. Stahl und Eisen **63** (1943) 41—47, 64—74.

[6] STRASSBURG, F. W., Eigenschaften von 9%-Nickel-Stahl bei tiefen Temperaturen. Nickel-Berichte **17** (1959) 35—42.

[7] GILL, E. T. und G. L. SWALES, Nickel-Containing Steels for Low-Temperature Applications in the Petroleum Industry. Brit. Petroleum Equipm. News **7** (1959) 60—64.

[8] AUSSUM, P., Druckgefäße, 4. Aufl. Verlag W. Knapp, Halle (Saale) 1959, S. 137.

[9] KÜNTSCHER, W., H. KILGER und H. BIEGLER, Technische Baustähle, 3. Aufl. Verlag W. Knapp, Halle (Saale) 1958, S. 540—542.

[10] Werkstoff-Handbuch Stahl und Eisen, 3. Aufl. Verlag Stahleisen m. b. H., Düsseldorf 1953, Blatt N 31.

[11] GRODNER, A., Welded 8½% Ni-Steel for —300° F saves 50%. Industry and Welding, Cleveland/Ohio, 22, Oct. (1949) 40—42, 44, 64.

[12] HANEL, R., Die Zähigkeit nickelhaltiger Werkstoffe bei tiefen Temperaturen. Z. VDI **81** (1937) 410—414.

[13] TEED, P. L., The Properties of metallic materials at low Temperatures, 2. Aufl. Chapman & Hall, London 1952.

[14] ARMSTRONG, T. N. und A. P. GAGNEBIN, Impact Properties of Some Low Alloy Nickel Steels at Temperatures Down to —200° F. Trans. Am. Soc. Met. **28** (1940) 1—19.

[15] ARMSTRONG, T. N. und G. R. BROPHY, Vortrag auf der Jahrestagung 1947 der Petroleum Division der American Society of Mechanical Engineers in Houston, Texas.

[16] NEWELL, H. D., J. A. MANFRE und M. A. CORDOVI, New 9% Nickel Steel Tubing-Properties and Processing. Materials and Methods **25** (1947) 62—67, 159—163.

[17] BROPHY, G. R. und A. J. MILLER, The Metallography and Heat Treatment of 8 to 10 Per Cent Nickel Steel. Trans. Am. Soc. Met. **41** (1949) 1185—1203.

[18] ARMSTRONG, T. N. und A. J. MILLER, Impact Properties of Stainless Steel and 9 Per Cent Nickel Steel after Exposure Under Stress to Liquid Nitrogen. Am. Soc. Test. Mat. Bull. **177** (1951) 35—36.

[19] POMP, A., A. KRISCH und G. HAUPT, Kerbschlagzähigkeit legierter Stähle bei Temperaturen von +20 bis —253° C (Siedetemperatur des Wasserstoffs). Mitt. KWI. Eisenforsch. Düsseldorf, XXIII (1941) 53—70.

[20] SCHEIL, E., Beitrag zur Kenntnis der Umwandlungen in irreversiblen Eisen-Mangan-Legierungen. Arch. Eisenhüttenw. **9** (1935) 115—116.

[21] SCHMIDT, M. und H. LEGAT, Hitzebeständige Chrom-Mangan-Stähle. Arch. Eisenhüttenw. **10** (1937) 297—306.

[22] MUNDT, J., Fortschritte bei Schweißungen mit austenitischen Werkstoffen im Apparate- und Behälterbau. Techn. Mitt. Krupp **15** (1957) 29—36.

[23] HENKE, R. H., Low Temperature Properties of the Austenitic Stainless Steels. Prod. Eng. **20** (1949) 104—107.

[24] POMP, A., A. KRISCH und G. HAUPT, Härteprüfungen und Zerreißversuche an legierten Stählen bei tiefen Temperaturen. Mitt. KWI. Eisenforsch. Düsseldorf XXI (1939) 231—241.

[25] COLBECK, E. W., E. W. MCGILLIVRAY und W. R. D. MANNING, The Mechanical Properties of Some Austenitic Stainless Steels at Low Temperatures. Trans. Inst. Chem. Eng. **11** (1953) 89—106.

[26] KRIVOBOK, V. N., Properties of Austenitic Stainless Steels at Low Temperatures. U.S. Nat. Bur. Standards Circ. **520.** (1952) 112—134.

[27] HOKE, J. H., PH. G. MABUS und G. N. GOLLER, Mechanical Properties of Stainless Steels at Subzero Temperatures. Metal Progress **55** (1949) 643—648.

[28] THIELSCH, H., Physical Metallurgy of Austenitic Stainless Steels. Welding Journal **29** (1950) 577s—621s.

[29] SCHUMANN, H., Verhalten von zwei ferritischen und drei austenitischen Stählen bei der Temperatur der flüssigen Luft. Technik **13** (1958) 417—427.

[30] SCHUMANN, H., Festigkeitseigenschaften von gewalzten und gegossenen austenitischen 18/8-Chromnickelstählen bei +20° C und —180° C. Technik **15** (1960) 272—276, 401—406.

[31] CHOQUET, A., V. N. KRIVOBOK und G. WELTER, Tension-Impact Properties of Austenitic Stainless Steels at Ambient and Low Temperatures. The Welding Journal Research Supplement, August 1955, S. 1—13.

[32] ZAMBROW, J. L. und M. G. FONTANA, Mechanical Properties, Including Fatigue, of Aircraft Alloys at very Low Temperatures. Transact. Am. Soc. Met. **41** (1949) 480—518.

[33] MCADAM, P. J., G. W. GEIL und F. J. CROMWELL, Influence of Low Temperatures on the Mechanical Properties of 18—8 Cr-Ni-Steel. Trans. ASM **41**, (1949) 609—646.

[34] MATHIEU, K., Über das Dehnverhalten einiger austenitischer Stähle bei tiefen Temperaturen. Arch. Eisenhüttenw. **19** (1948) 169—173.

[35] BRISTOW, J. S., Low Temperature Steels; Properties and Recommendations. Iron and Steel **25** (1952) 447—451.

[36] SCHMIDT, E. H., Low Temperature Impact of Annealed and Sensitized 18—8. Metal Progress **54** (1948) 698—704.

[37] KRIVOBOK, V. N., Effets des basses Températures (sous zéro) sur les propriétés mécaniques et le façonnage des aciers austenitiques inoxydables. Soc. Royale Belge des Ing. et des Industriels (1951) 14—32.

[38] JUPPENLATZ, T. W., Austenitic cast stainless Good for Low Temperature Applications-But. Iron Age **170** (1952) 147—151.

[39] MAYER, G. und K. BALAJIVA, The Low-Temperature Mechanical Properties of Some Cast Stainless Steels. Metallurgia (1959) S. 221—226.

[40] ERKNER, A. und A. THUM, Gestaltfestigkeit geschweißter Bauteile in: Werkstoff und Schweißung, Bd. I. Akademie-Verlag, Berlin 1951, S. 954.

[41] KRIVOBOK, V. N. und R. D. THOMAS, Jr., Impact Tests of Welded Austenitic Stainless Steels. The Welding Journal, Research Supplement, Sept. 1950.

[42] HEUSCHKEL, J., Effects of Temperature on Weld Metal Properties. The Welding Journal, 33 Aug. (1954) 8, S. 388s—397s.

[43] HEUSCHKEL, J., Time-Temperature Dependence of Austenitic Stainless-Steel Welded Joint Components. Welding Research (Welding Journal) **35** (1956), 569s—581s.

[44] HUMMITZSCH, W. und R. KILLING, Das Verhalten von Schweißen bei tiefen Temperaturen und ihre Prüfung. Vorträge der Großen Schweißtechn. Jubiläumstagung 1957, S. 86—93 und 141 bis 142.

[45] HUMMITZSCH, W., Das Verhalten der Schweißnähte im Temperaturbereich von —200° C bis +500° C. Schweißen und Schneiden **11** (1959), 39—46.

[46] ARMSTRONG, T. N., J. H. GROSS und R. E. BRIEN. Properties Affecting Suitability of 9 Percent Nickel Steel for Low Temperature Service. Welding Journal Research Supplement, February 1959.

FSC
www.fsc.org
MIX
Papier | Fördert gute Waldnutzung
FSC® C083411

Zeitfracht Medien GmbH
Ferdinand-Jühlke-Straße 7
99095 Erfurt, Deutschland
produktsicherheit@kolibri360.de